C.-L. Kruse,
Korrosion in der Sanitär-
und Heizungstechnik

C.-L. Kruse
Korrosion in der Sanitär- und Heizungstechnik

Krammer Verlag Düsseldorf 1991

Alle Rechte vorbehalten
Copyright
2. Auflage 1992
ISBN-Nr. 3-88382-050-4
Druck: Olbrysch Druck GmbH,
Düsseldorf

Inhaltsverzeichnis

1 Einleitung

Unter den Faktoren, die die Funktion von Anlagen in der Sanitär-und Heizungstechnik beeinflussen, spielt die Korrosion eine wesentliche Rolle, in vielen Fällen ist sie die bestimmende Größe für die Nutzungsdauer von Anlagen oder einzelnen Anlagenkomponenten. Das Auftreten von Korrosionsschäden ist zwar nicht als der Normalfall anzusehen. Andererseits ist jedoch die Wahrscheinlichkeit des Auftretens von Korrosionsschäden zu groß, um die Gesichtspunkte des Korrosionsschutzes unberücksichtigt lassen zu können. Dementsprechend müssen die Erfordernisse des Korrosionsschutzes bei Planung, Erstellung und Betrieb der Anlagen und selbstverständlich auch bei deren Instandhaltung berücksichtigt werden.

Die Schwierigkeiten bei der Auswahl von Schutzmaßnahmen beruhen meist nicht auf einer unzureichenden Kenntnis der chemischen und physikalischen Vorgänge bei der Korrosion. Diese und die Möglichkeiten ihrer Beeinflussung sind im Prinzip sehr weitgehend bekannt. Das für jede Anlage immer wieder neu zu lösende Problem besteht vielmehr darin, durch Auswahl geeigneter Werkstoffe sowie durch sachgerechte Konstruktion, Installation und Betriebsweise einer Anlage für den Betrieb innerhalb der vorgesehenen Nutzungsdauer eine optimale Wirtschaftlichkeit zu erreichen.

Abgesehen von den vorgenannten Schwierigkeiten zeigt jedoch die Erfahrung bei der Untersuchung der Ursachen von Korrosionsschäden, daß es in vielen Fällen nur deshalb zu Schäden gekommen ist, weil das an sich vorhandene Wissen über Korrosion und Korrosionsschutz dort nicht verfügbar war, wo es tatsächlich benötigt worden wäre. Ursache dafür ist die unzureichende Berücksichtigung der Korrosionskunde in den meisten Berufsausbildungsgängen. Für den Bereich der Sanitär- und Heizungstechnik, in dem dies besonders offenkundig ist, soll deshalb im folgenden versucht werden, sowohl den Auszubildenden als auch den im Beruf stehenden Praktikern das nötige Wissen zu vermitteln.

2 Allgemeines

2.1 Begriffe

Nach den Definitionen in DIN 50900 Teil 1 [1] ist zwischen den Begriffen Korrosion, Korrosionserscheinung und Korrosionsschaden zu unterscheiden:

Korrosion
Reaktion eines metallischen Werkstoffs mit seiner Umgebung, die eine meßbare Veränderung des Werkstoffs bewirkt und zu einer Beeinträchtigung eines metallischen Bauteils oder eines ganzen Systems führen kann. In den meisten Fällen ist diese Reaktion elektrochemischer Natur, in einigen Fällen kann sie jedoch auch chemischer (nichtelektrochemischer) oder metallphysikalischer Natur sein.

Korrosionserscheinung
Die meßbare Veränderung eines metallischen Werkstoffs durch Korrosion.

Korrosionsschaden
Beeinträchtigung der Funktion eines metallischen Bauteils oder eines ganzen Systems durch Korrosion.

Nach diesen Definitionen sind Korrosion (der Vorgang) und Korrosionserscheinung (das Ergebnis) zunächst wertneutral. Negativ zu bewerten ist nur der Korrosionsschaden (die mögliche Konsequenz). Korrosion kann zu einem Korrosionsschaden führen, muß es aber nicht. Deckschichten, die sich auf Metallen in Berührung mit Wasser bilden, stellen eine Korrosionserscheinung dar, führen aber nicht zu einem Korrosionsschaden, sondern verhindern diesen sogar. Ob Korrosion zu einem Korrosionsschaden führt, wird häufig nicht so sehr vom Ausmaß der Korrosionserscheinungen bestimmt, sondern vielmehr von der Funktion des Bauteils [2,3]. Örtliche Korrosion im Innern einer Absperrarmatur aus Gußeisen stellt solange keinen Korrosionsschaden dar, wie die Armatur ihre Funktion erfüllt. Erst wenn die Korrosionserscheinungen im Bereich der Dichtflächen ein solches Ausmaß erreicht haben, daß die Absperrfunktion beeinträchtigt ist, kann man von einem Korrosionsschaden sprechen.

Wenn Korrosion nicht zwangsläufig schädlich ist, muß sie auch nicht immer vermieden werden. Dementsprechend ist der Korrosionsschutz wie folgt definiert:

Korrosionsschutz
Maßnahmen mit dem Ziel, Korrosionsschäden zu vermeiden.

Abgesehen davon, daß Korrosion in den meisten Fällen nicht vollständig zu vermeiden ist, ist dies in der Regel auch nicht erforderlich. Entscheidend ist, daß es innerhalb der vorgesehenen Nutzungsdauer eines Bauteils nicht zu einer Beeinträchtigung der Funktion durch Korrosion kommt. Ein gutes Beispiel dafür, daß diese Denkweise in der Praxis durchaus üblich ist, bietet die Deutsche Bundesbahn, die vernünftigerweise darauf verzichtet, die Eisenbahnschienen aus ungeschütztem Stahl, die der freien Atmosphäre ausgesetzt ungehindert rosten, durch Anstreichen vor Korrosion zu schützen. Durch die Korrosion wird die Funktion der Eisenbahnschiene nicht beeinträchtigt, folglich ist auch kein Korrosionsschutz erforderlich.

Ähnlich wie Korrosionsschutz nicht gleichbedeutend ist mit Vermeiden von Korrosion, ist die Korrosionsbeständigkeit eines Werkstoffs nicht die Eigenschaft, Korrosion zu widerstehen, sondern seine Funktion ohne Beeinträchtigung zu erfüllen. Wie stark diese Eigenschaft von der Funktion des Bauteils bestimmt wird, zeigt das Beispiel einer Sanitärarmatur aus Messing. Für die stärkere Korrosionsbelastung von der Wasserseite ist die Korrosionsbeständigkeit ausreichend, nicht jedoch für die viel schwächere Belastung von der Innenatmosphäre eines Raumes. Ein Korrosionsschutz durch einen Nickel-Chrom-Überzug ist erforderlich, weil die Armatur auch eine dekorative Funktion zu erfüllen hat.

2.2 Elektrochemische Grundlagen

Die in der Sanitär- und Heizungstechnik stattfindende Korrosion ist stets elektrochemischer Natur. Zu ihrem Verständnis ist deshalb die Kenntnis einiger elektrochemischer Grundlagen erforderlich.

Jede elektrochemische Reaktion, also auch die primäre Reaktion bei der Korrosion von Eisen,

$$Fe + H_2O + 1/2\ O_2 \rightarrow Fe(OH)_2 \qquad (2.2.1)$$

bei der Eisen mit Wasser und Sauerstoff zu Eisen(II)hydroxid reagiert, kann in zwei Teilreaktionen aufgespalten werden, die **anodische Reaktion der Metallauflösung** (Oxidation)

$$Fe \rightarrow Fe^{2+} + 2\ e^- \qquad (2.2.2)$$

und die **kathodische Reaktion der Reduktion eines Oxidationsmittels**, in der Sanitär- und Heizungstechnik üblicherweise die Sauerstoffreduktion,

$$1/2\ O_2 + H_2O + 2\ e^- \rightarrow 2\ OH^- \qquad (2.2.3)$$

bei der Sauerstoff mit Wasser unter Aufnahme von Elektronen (Reduktion) Hydroxyl-Ionen bildet.

Wenn die beiden Teilreaktionen am selben Ort ablaufen, was bei homogenen Oberflächen der Fall ist, findet gleichmäßige Flächenkorrosion statt. Wenn die beiden Teilreaktionen jedoch örtlich getrennt ablaufen, was bei heterogenen Oberflächen der Fall ist, findet ungleichmäßige Korrosion statt.

Eine örtliche Trennung der beiden Teilreaktionen ist immer dann möglich, wenn

- Oberflächenbereiche mit unterschiedlichem Elektrodenpotential vorliegen und

- die Oberflächenbereiche über einen metallischen Leiter und

- über einen Elektrolyten (Ionenleiter) elektrisch leitend miteinander verbunden sind.

Erfüllt sind diese Bedingungen bei einem **galvanischen Element**, wenn z.B. zwei verschiedene Metalle wie Zink und Kupfer über einen Metalldraht und einen Elektrolyten (Salzlösung, Säure) elektrisch leitenden Kontakt haben. Bei der Betrachtung von galvanischen Elementen im Zusammenhang mit Korrosion spricht man von einem **Korrosionselement**.

Den Begriff des **Elektrodenpotentials** kann man sich mit Hilfe der Gleichungen (2.2.2) und (2.2.3) verständlich machen. Von einem Eisenstab, der in einen Elektrolyten eintaucht, gehen 2-fach positiv geladene Eisen-Ionen durch die Phasengrenze in den Elektrolyten, während negativ geladene Elektronen auf dem Stab zurückbleiben. Je größer die Neigung des Metalles ist, sich aufzulösen, je größer der Betrag der negativen Ladungen wird, die auf dem Stab zurückbleiben, um so negativer wird das Elektrodenpotential, das durch Messung der elektrischen Spannung zwischen dem Metallstab und einer Bezugselektrode ermittelt werden kann.

Bei einem Platindraht, der in eine sauerstoffhaltige Lösung eintaucht, kann man sich vorstellen, daß Elektronen den Draht verlassen und von dem Sauerstoff aufgenommen werden. In diesem Fall entsteht auf dem Draht ein Defizit an negativen Ladungen, er erhält ein positives Elektrodenpotential. Das Elektrodenpotential wird um so positiver, je stärker das Oxidationsmittel ist. Bei Anwesenheit von Reduktionsmitteln, die dazu neigen, Elektronen abzugeben, erhält der Platindraht ein negatives Elektrodenpotential. Das am Platindraht zu messende Elektrodenpotential, das die Eigenschaften der Lösung in Bezug auf seine oxidierenden oder reduzierenden Eigenschaften kennzeichnet, wird auch als **Redoxpotential** bezeichnet.

Bei dem Elektrodenpotential eines korrodierenden Metalls, dem **Korrosionspotential**, das an einem in eine Lösung eingetauchten Metall gegen eine Bezugselektrode gemessen werden kann, handelt es sich stets um ein **Mischpotential**, das sich aus den beiden Teilreaktionen ergibt. Eine Veränderung des Korrosionspotentials ermöglicht deshalb normalerweise keine eindeutigen Aussagen darüber, ob sie auf die Änderung der Bedingungen bei der Metallauflösung oder bei der Reduktion des Oxidationsmittels zurückzuführen ist. Informationen hierüber können nur durch Aufnahme von Stromdichte-Potential-Kurven erhalten werden.

Örtliche Unterschiede im Elektrodenpotential können allein schon dadurch zustandekommen, daß einzelne Bereiche der Oberfläche mit Ablagerungen bedeckt sind. Unter den abgedeckten Bereichen, bei denen der Zutritt von Sauerstoff aus dem Lösungsinnern behindert ist, wird das Redoxpotential (und damit auch das Korrosionspotential) negativer. Derartige Bereiche können dann zu Anoden von Korrosionselementen werden. Diese durch unterschiedlichen Sauerstoffzutritt (unterschiedliche Belüftung) verursachten Korrosionselemente bezeichnet man allgemein als **Belüftungselemente**. Korrosionselemente, die durch Kontakt von zwei Metallen mit von Haus aus unterschiedlichem Elektrodenpotential gebildet werden (z.B. an Berührungsstellen zwischen einem feuerverzinkten Stahlrohr und einer Messingarmatur), bezeichnet man als **Kontaktelemente**.

Die neben dem unterschiedlichen Elektrodenpotential weitere notwendige Voraussetzung für ein Korrosionselement, die elektrisch leitende Verbindung zwischen Anode und Kathode über einen metallischen und einen elektrolytischen Leiter, ist zwar von der Leitfähigkeit der Metalle immer und von der Leitfähigkeit der Elektrolyte meistens (nicht z.B. bei vollentsalztem Wasser) erfüllt. Wenn sich als Folge der Korrosion auf der Metalloberfläche nichtleitende Deckschichten ausbilden, oder wenn zum Korrosionsschutz nichtleitende Überzüge (z.B. Email) aufgebracht werden, sind Korrosionselemente nicht möglich. Ausgeprägt örtliche Korrosion kann deshalb nur auftreten, wenn eine ausreichende elektrische Leitfähigkeit an der Phasengrenze Metall/Elektrolyt vorliegt.

2.3 Einfluß der Werkstoffbeschaffenheit

Die Kenntnis der spezifischen Eigenschaften der verschiedenen in der Sanitär- und Heizungstechnik zum Einsatz kommenden metallischen Werkstoffe ist eine notwendige Voraussetzung für eine sachgerechte Anlagenplanung. Im folgenden sollen zunächst nur die wichtigsten korrosionschemischen Eigenschaften skizziert werden.

Unlegierte und niedriglegierte Eisenwerkstoffe (Stahl, Guß) sind dadurch gekennzeichnet, daß sie in sauerstoffhaltigem Wasser unter Bildung nichtschützender Rostschichten angegriffen werden. Bei Einsatz unter derartigen Bedingungen ist deshalb Korrosionsschutz erforderlich. In sauerstofffreiem Wasser ist die

Korrosion so gering, daß keine Korrosionsschäden auftreten. In geschlossenen Kreislaufsystemen ohne Sauerstoffzutritt können Eisenwerkstoffe deshalb ohne Korrosionsschutz eingesetzt werden. Besonders korrosionsgefährdet sind sie jedoch in Berührung mit Säuren. So kann es z.b. in Berührung mit Kohlendioxidhaltigem Kondensat auch bei Abwesenheit von Sauerstoff zu erheblichen Korrosionserscheinungen kommen. In alkalischer Umgebung sind Eisenwerkstoffe sehr weitgehend korrosionsbeständig. Dies ist kennzeichnend für das Verhalten in Berührung mit alkalischen Kesselwässern oder in Beton.

Von den Korrosionsschutzsystemen für Eisenwerkstoffe sind vor allem die Emaillierung, die Feuerverzinkung und die Beschichtung mit organischen Stoffen zu nennen. Die **Emaillierung** wird vorzugsweise in Verbindung mit kathodischem Schutz für Wassererwärmer verwendet. Die **Feuerverzinkung** wird aufgrund einer sehr ausgeprägten Neigung zur Bildung schützender Deckschichten vorteilhaft für Rohrleitungen für kaltes sauerstoffhaltiges Wasser eingesetzt. Die **Beschichtung mit organischen Stoffen** ist der häufigste Korrosionsschutz bei einer Vielzahl von Anwendungsfällen bei geringer Korrosionsbelastung, z.B. durch Raumluft.

Hochlegierte Eisenwerkstoffe wie z.B. die austenitischen Chromnickelstähle (**Nichtrostende Stähle**) sind dadurch gekennzeichnet, daß sie sowohl in sauerstoffhaltigen Wässern als auch in verdünnten Säuren und in Alkalien sehr weitgehend korrosionsbeständig sind. Ihr Korrosionsverhalten wird durch eine submikroskopisch dünne Chromoxid-Passivschicht bestimmt. Eine spezielle Korrosionsanfälligkeit ist jedoch bei Anwesenheit von Chlorid-Ionen gegeben, da diese die Passivschicht durchdringen und u.U. Lochkorrosion oder Spannungsrißkorrosion verursachen können.

Kupfer- und Kupferlegierungen wie z.B Rotguß zeigen auch in sauerstoffhaltigem Wasser sowie in schwachen Säuren und in Alkalien im allgemeinen ein gutes Korrosionsverhalten. Unter bestimmten kritischen Bedingungen ist bei Kupfer in kalten sauerstoffhaltigen Wässern Lochkorrosion möglich, die bereits nach kurzer Betriebszeit zu Durchbrüchen führen kann. In erwärmtem sauerstoffhaltigem Wasser kann bei erhöhter Fließgeschwindigkeit Erosionskorrosion auftreten. Bei Messing ist unter bestimmten kritischen Bedingungen mit Entzinkung, Erosionskorrosion oder Spannungsrißkorrosion zu rechnen.

Das Korrosionsverhalten von **Aluminium** ist dadurch gekennzeichnet, daß es auch bei Abwesenheit von Sauerstoff mit Wasser unter Bildung von Wasserstoff reagieren kann. Dies ist vor allem bei Zerstörung der Oxidschicht durch Alkalien möglich. Außerdem besteht eine erhebliche Anfälligkeit für Lochkorrosion in sauerstoffhaltigem Wasser bei Anwesenheit von Chlorid-Ionen. Der Einsatz von

Aluminium ist deshalb im wesentlichen auf geschlossene Kreislaufsysteme mit neutralem Wasser beschränkt.

2.4 Einfluß der Beschaffenheit des Angriffsmittels

Das häufigste Angriffsmittel in der Sanitär- und Heizungstechnik ist das **Wasser**. Hierbei handelt es sich in der Regel nicht um reines Wasser entsprechend der chemischen Formel H_2O, sondern um eine verdünnte Lösung mehrerer gasförmiger und fester Stoffe.

Eine für die technische Verwendbarkeit des Wassers sehr wichtige Eigenschaft ist seine sog. "**Härte**", d.h. sein Gehalt an Calcium- und Magnesium-Ionen (Erdalkali-Ionen). Diese Erdalkali-Ionen bilden mit Seife schwerlösliche Salze. Je mehr Erdalkali-Ionen ein Wasser enthält, je größer seine Härte ist, desto mehr Seife ist erforderlich, um den für die Waschwirkung wichtigen Seifenschaum erzeugen zu können. Da die üblichen Waschmittel neben waschaktiven Stoffen vor allem Phosphate enthalten (bzw. enthalten haben), die im Abwasser unerwünscht sind, soll der Waschmittelverbrauch so niedrig wie möglich gehalten werden. Nach dem zu diesem Zweck erlassenen Waschmittelgesetz müssen die Waschmittelhersteller die erforderlichen Waschmittelmengen in Abhängigkeit von der Wasserhärte angeben, für die in diesem Gesetz vier Bereiche definiert sind:

Härtebereich 1	0	bis 1,3 mol/m³
Härtebereich 2	>1,3	bis 2,5 mol/m³
Härtebereich 3	>2,5	bis 3,8 mol/m³
Härtebereich 4	>3,8	mol/m³

Anstelle der Konzentrationseinheit mol/m³ (= mmol/l) wird für die Härte vielfach noch die veraltete Einheit des "Deutschen Härtegrades °d" verwendet. Zur Umrechnung gilt:

$$\frac{c(Ca^{2+}) + c(Mg^{2+})}{mol\ m^{-3}} = 0{,}1785 \ \frac{[c(Ca^{2+}) + c(Mg^{2+})]}{°d} \qquad (2.4.1)$$

In der Sanitär- und Heizungstechnik interessiert weniger die über den Gehalt an Erdalkali-Ionen definierte **Gesamthärte** des Wassers als der Anteil, der als Calciumhydrogencarbonat (primäres Calciumsalz der Kohlensäure) vorliegt und normalerweise durch die **Karbonathärte** charakterisiert wird. Aufgrund des bei der Erwärmung von Wasser auftretenden Zerfalls von Calciumhydrogencarbonat nach

$$Ca(HCO_3)_2 \rightarrow CaCO_3 + CO_2 + H_2O \qquad (2.4.2)$$

13

in Calciumcarbonat, Kohlendioxid und Wasser kann es zur Bildung von Kalkstein kommen, der den Wärmeübergang behindert und zum Zuwachsen von Rohren führen kann.

Besonders gefährdet sind offene Systeme, bei denen Kohlendioxid entweichen kann (z.B. drucklose Elektrospeicher, offene Kühlkreisläufe) und Dampferzeuger, bei denen durch den Abtransport des gasförmigen Wassers zusätzlich noch eine Aufkonzentrierung der Wasserinhaltsstoffe stattfindet.

Die Härte dient im wesentlichen zur allgemeinen Charakterisierung eines Wassers. Für die Beurteilung der Korrosivität ist sie nur von untergeordneter Bedeutung. Die Korrosivität ist eine sehr komplexe Wassereigenschaft, die nur im Zusammenhang mit einem bestimmten Werkstoff unter bestimmten Betriebsbedingungen abgeschätzt werden kann. Sie kann außerdem, je nach der für das Auftreten von Schäden ausschlaggebenden Korrosionsart, sehr unterschiedlich sein. Die Korrosivität eines Wassers kann deshalb nicht auf einfache Weise quantitativ beschrieben werden. Je nach Werkstoff, Betriebsbedingungen und Korrosionsart können die Gehalte an Sauerstoff, Neutralsalzen oder freier Kohlensäure für die Korrosivität bestimmend sein.

Bei Warmwasserheizungsanlagen ohne ständige Erneuerung des Heizwassers, bei denen der im Wasser gelöste Sauerstoff und die Kohlensäure durch Korrosion verhältnismäßig schnell verbraucht sind, ohne daß dadurch nennenswerter Materialabtrag auftritt, hängt die noch verbleibende Korrosivität des Wassers allein davon ab, in welchem Maße Sauerstoff aus der Atmosphäre in das Innere der Anlage gelangen kann. Bei vollständig geschlossenen Anlagen kommt die Korrosion praktisch vollständig zum Stillstand, von einer Korrosivität des Wassers kann dann nicht mehr gesprochen werden. Bei Anlagen mit durchströmten offenen Ausdehnungsgefäßen oder mit gasdurchlässigen Bauteilen, bei denen ständig Sauerstoff in das Heizwasser gelangt, hängt die Korrosivität des Wassers nahezu ausschließlich von seinem Sauerstoffgehalt ab. Da sich dieser sehr schnell durch Korrosion mit den Bauteilen der Heizungsanlage verringert, wird die Korrosivität des Wassers ortsabhängig. Am größten ist sie unmittelbar hinter der Sauerstoffeintrittsstelle, mit zunehmender Entfernung davon nimmt sie stetig ab.

Bei Trinkwasseranlagen, bei denen bestimmungsgemäß häufige Erneuerung des Wassers auftritt, ist der Sauerstoffgehalt zwar ebenfalls eine für die Beurteilung der Korrosivität wichtige Größe. Da die Wässer jedoch zumeist luftgesättigt sind, d.h. Sauerstoffgehalte in der Größenordnung von 10 mg/l enthalten, sind weitere Kriterien heranzuziehen.

Die Korrosivität im Hinblick auf ungleichmäßige Korrosion wird durch die Konzentration oder Konzentrationsverhältnisse bestimmter Anionen gekennzeichnet. Bei der Korrosion von nichtrostenden Stählen wird die Korrosivität im wesentlichen durch die Konzentration an Chlorid-Ionen bestimmt. Bei der Muldenkorrosion von feuerverzinktem Stahl ist es das Konzentrationsverhältnis von Chlorid- und Sulfat-Ionen zu Hydrogencarbonat-Ionen. Bei der Lochkorrosion von Kupfer in Kaltwasserleitungen ist es das Konzentrationsverhältnis von Sulfat- und Nitrat-Ionen zu Chlorid-Ionen.

Für die Löslichkeit der Korrosionsprodukte, die das Ausmaß der gleichmäßigen Korrosion bestimmt, ist die Menge der die saure Reaktion eines Wassers verursachenden Wasserstoff-Ionen entscheidend. Deren Konzentration wird im Gegensatz zu der der sonstigen Wasserinhaltsstoffe nicht in mol/m^3 oder mg/l angegeben, sondern durch den negativen Logarithmus der molaren Konzentration gekennzeichnet. Diese Größe bezeichnet man als den pH-Wert:

$$\text{pH-Wert} = - \log c_{mol}(H^+) \tag{2.4.3}$$

Eine starke Säure, die wie z.B. die Salzsäure vollständig nach

$$HCl \rightarrow H^+ + Cl^- \tag{2.4.4}$$

zerfällt, weist bei einer Konzentration von 1 mol/l einen pH-Wert von 0 auf. Bei einer schwachen Säure, wie z.B. der Kohlensäure, bei der nur ein geringer Anteil zerfällt, ist bei gleicher Konzentration die Konzentration an Wasserstoff-Ionen mit $6{,}7 \cdot 10^{-4}$ mol/l sehr viel geringer. Der negative Logarithmus dieses Wertes ist $-0{,}826 + 4 = 3{,}174$. Eine 1-molare Kohlensäure weist demnach einen pH-Wert von etwa 3,2 auf.

Reines Wasser, das nach

$$H_2O \rightarrow H^+ + OH^- \tag{2.4.5}$$

in geringem Maße in Wasserstoff- und Hydroxyl-Ionen zerfällt, enthält nach den Beziehungen

$$c_{mol}(H^+) \cdot c_{mol}(OH^-) = 10^{-14} \tag{2.4.6}$$

und

$$c_{mol}(H^+) = c_{mol}(OH^-) \tag{2.4.7}$$

Wasserstoff-Ionen in einer Konzentration von 10^{-7} mol/l und weist dementsprechend einen pH-Wert von 7 auf.

Wenn das Wasser Stoffe enthält, die Hydroxyl-Ionen an das Wasser abgeben (alkalisch reagierende Stoffe), steigt der pH-Wert auf Werte über 7 an. Ein stark alkalisch reagierender Stoff, wie z.B. Natriumhydroxid, der nach

$$NaOH \rightarrow Na^+ + OH^- \qquad (2.4.8)$$

vollständig in Natrium- und Hydroxyl-Ionen zerfällt, enthält in 1-molarer Lösung 1 mol/l Hydroxyl-Ionen und entsprechend dem Ionenprodukt des Wassers 10^{-14} mol/l Wasserstoff-Ionen und weist deshalb einen pH-Wert von 14 auf.

Während der pH-Wert bei den starken Säuren und Laugen ein direktes Maß für deren Konzentration ist und damit auch als Maß für deren Korrosivität gegenüber Säure- bzw. Lauge-empfindlichen Werkstoffen dienen kann, ist dies bei schwachen Säuren und Laugen nicht der Fall. Bei Trinkwasser, dessen Korrosivität gegenüber Säure-empfindlichen Werkstoffen auf dem Gehalt an Kohlensäure beruht, ist deshalb der pH-Wert nur eingeschränkt zur Beurteilung der Korrosivität geeignet. Zur Beurteilung der Korrosivität im Hinblick auf einen möglichen Stoffumsatz muß stattdessen die Konzentration der (überwiegend undissoziierten) Säure, die Basekapazität bis pH 8,2 ($K_{B8,2}$), herangezogen werden.

Auch bei Kesselwasser von Dampferzeugern, dem zur Erzielung der Passivität von Eisenwerkstoffen alkalisierende Stoffe zugesetzt werden, kann deren Konzentration nur unzureichend durch den pH-Wert gekennzeichnet werden. Daneben ist deshalb stets die Angabe einer Konzentration (Säurekapazität bis pH 8,2 ($K_{S\,8,2}$), früher als p-Wert bezeichnet) erforderlich.

Eine besondere Bedeutung für die Korrosivität eines Wassers wird vielfach fälschlicherweise der Lage des sog. "Kalk-Kohlensäure-Gleichgewichtes" zugesprochen. Obwohl es für das Verständnis der Korrosionsvorgänge nicht erforderlich ist, sollen dennoch im folgenden einige Ausführungen zu diesem Komplex gemacht werden, da die in diesem Zusammenhang verwendeten Begriffe teilweise noch immer durch die Literatur geistern.

Beim Durchtritt des Niederschlagswassers durch die Humusschicht des Erdbodens nimmt das Wasser Kohlendioxid auf, das dort durch Zersetzung von organischer Substanz gebildet wird. Kohlendioxid reagiert (vereinfacht) mit Wasser nach

$$CO_2 + H_2O \rightleftarrows H_2CO_3 \qquad (2.4.9)$$

zu Kohlensäure. Die Kohlensäure zerfällt nach

$$H_2CO_3 \rightleftarrows H^+ + HCO_3^- \qquad (2.4.10)$$

und

$$HCO_3^- \rightleftarrows H^+ + CO_3^{2-} \qquad (2.4.11)$$

in zwei Stufen in Wasserstoff-, Hydrogencarbonat- und Carbonat-Ionen. Bei diesen Reaktionen handelt es sich um Gleichgewichtsreaktionen. Die Lage der Gleichgewichte ist von Gl.(2.4.9) nach Gl.(2.4.11) zunehmend auf die linke Seite der Gleichungen verschoben.

Das in den meisten Erdböden enthaltene Calciumcarbonat (Kalk) löst sich in Wasser nach

$$CaCO_3 \rightleftarrows Ca^{2+} + CO_3^{2-} \qquad (2.4.12)$$

nur in sehr geringem Maße unter Bildung von Calcium- und Carbonat-Ionen. Wenn das Wasser jedoch Kohlendioxid enthält, kann es größere Mengen an Calciumcarbonat auflösen, da die nach Gl.(2.4.10) gebildeten Wasserstoff-Ionen nach Gl.(2.4.11) in umgekehrter Richtung mit den Carbonat-Ionen aus Gl.(2.4.12) zu Hydrogencarbonat-Ionen reagieren. Dadurch wird das Lösungsgleichgewicht des Calciumcarbonats unter Auflösung von Calciumcarbonat so lange gestört, bis sich ein neues Gleichgewicht eingestellt hat

$$CaCO_3 + CO_2 + H_2O \rightleftarrows Ca^{2+} + 2\,HCO_3^- \qquad (2.4.13)$$

das sog. Kalk-Kohlensäure-Gleichgewicht. Das Kohlendioxid auf der linken Seite der Gleichung, die "**freie Kohlensäure**", ist notwendig, um das Calciumhydrogencarbonat in Lösung zu halten. Die Menge, die im Gleichgewichtszustand vorliegt, wird deshalb auch als "**zugehörige freie Kohlensäure**" bezeichnet. Wenn ein Im Gleichgewicht befindliches Wasser Kohlendioxid verliert, enthält es mehr Calciumhydrogencarbonat, als dem Gleichgewicht entspricht, es ist an Kalk übersättigt und neigt bereits im kalten Zustand zur Kalkabscheidung. Wenn der Gehalt an Kohlendioxid größer ist, als dem Gleichgewicht entspricht, enthält das Wasser "**überschüssige freie Kohlensäure**". Ein solches Wasser, das noch Calciumcarbonat auflösen kann, bezeichnet man als "**kalkaggressiv**" oder besser als "**kalklösend**". Vielfach wird ein kalklösendes Wasser fälschlicherweise einfach als "**aggresssiv**" bezeichnet und dieser Begriff im Sinne von "**korrosiv**" verwendet. Ein Zusammenhang zwischen der kalklösenden Wirkung eines Wassers und seiner Korrosivität besteht jedoch nur bei kalkhaltigen Werkstoffen wie z.B. Beton oder unter Bedingungen, unter denen sich kalkhaltige Schutzschichten auf Metallen bilden, wie die sog. "**Kalk-Rost-Schutzschicht**". Diese kann sich auf ungeschützten Eisenwerkstoffen nur in ständig fließendem Frischwasser bilden, nicht jedoch unter den in der Hausinstallation vorliegenden Bedingungen mit überwiegend stagnierendem Wasser.

2.5 Einfluß der Betriebsweise

In vielen Fällen wird die Korrosion durch Faktoren der Betriebsweise bestimmt, die durch die Konzeption bzw. Konstruktionsdetails der Anlage vorgegeben sind. So liegen z.b. bei gleichem Werkstoff und gleichem Wasser in einer Warmwasserheizungsanlage sehr unterschiedliche Bedingungen vor, je nachdem, ob die Anlage mit einem offenen durchströmten Ausdehnungsgefäß oder mit einem Druckausdehnungsgefäß abgesichert ist. Im ersten Fall kann es als Folge des aus der Luft über das offene Ausdehnungsgefäß in das Heizungswasser gelangenden Sauerstoffs zu schweren Korrosionsschäden kommen, im zweiten Fall ist dies nicht möglich.

Auch bei einer Niederdruck-Dampfanlage bestimmt die vorgegebene Betriebsweise die Korrosion. Bei Dampfentnahme (z.B. für Luftbefeuchtung oder Sterilisationszwecke) wird das Kondensat als Folge der dann erforderlichen Zusatzspeisewassermengen (bei der Verwendung von lediglich enthärtetem Wasser) so korrosiv, daß es bereits nach kurzer Betriebszeit zu Wanddurchbrüchen an den Kondensatleitungen kommen kann. Bei Betrieb ohne Dampfentnahme (mit vollständiger Kondensatrückführung) findet praktisch keine Korrosion statt.

In der Sanitärtechnik bestimmt häufig die Temperatur Ausmaß und Art der Korrosion. Bei Rohren aus feuerverzinktem Stahl nimmt die Neigung zu Lochkorrosion mit zunehmender Temperatur zu. Bei Rohren aus Kupfer findet Lochkorrosion praktisch nur im Kaltwasserbereich statt. Bei Rohren aus nichtrostendem Stahl ist eine spezielle Korrosionsart, die Spannungsrißkorrosion, nur nach Überschreiten einer bestimmten Temperaturschwelle (die etwa bei 40°C liegt) möglich.

An den mit Abgas beaufschlagten Flächen eines mit Heizöl betriebenen Heizkessels ist es die Wandtemperatur, die über das Ausmaß der Korrosion entscheidet. An den kältesten Stellen findet bevorzugt Kondensation der Abgase statt. Die konstruktionsbedingt an verschiedenen Stellen sehr unterschiedliche Wandtemperatur wird u.a. durch die Temperatur und Menge des Rücklaufwassers bestimmt.

Auch die Steinbildung wird in erheblichem Maße durch die Betriebsweise beeinflußt. Auf der Wasserseite von Wärmeerzeugern bestimmt die durch Wärmeleistung, Wassertemperatur und Strömungsgeschwindigkeit vorgegebene Wandungstemperatur bei Wässern gleicher Härte das Ausmaß der Kalkablagerungen.

Die Strömungsgeschwindigkeit kann die Korrosion in unterschiedlicher Weise beeinflussen. Gleichmäßig abtragende Korrosion bei feuerverzinktem Stahl in Leitungswasser nimmt im allgemeinen mit zunehmender Strömungsgeschwindigkeit zu. Örtliche Korrosion wird hingegen durch Wasserstillstand begünstigt. Eine spezielle Korrosionsart, die Erosionskorrosion, die z.B. bei ständig durchströmten Kupfer-Warmwasserleitungen vereinzelt beobachtet wird, ist nur bei Überschreitung einer bestimmten Strömungsgeschwindigkeit möglich.

3 Korrosionsschäden in Trinkwasseranlagen

Sowohl bei der Abschätzung des Risikos eines Korrosionsschadens im Zusammenhang mit der Entscheidung über die zum Korrosionsschutz notwendigen Maßnahmen als auch bei der Beurteilung von aufgetretenen Korrosionsschäden ist davon auszugehen, daß Korrosion stets durch drei Faktoren bestimmt wird:

- die Eigenschaften des Werkstoffs

- die Eigenschaften des Angriffsmittels

- die Bedingungen bei Installation und Betrieb.

3.1 Schäden an Kaltwasserleitungen aus feuerverzinktem Stahl

Bei Korrosionsbelastung von feuerverzinkten Eisenwerkstoffen durch Wasser findet zwangsläufig Korrosion statt. Sie ist stets mit der Abgabe von Zink-Ionen an das Wasser verbunden. Je nach Art und Ausmaß der Korrosion kommt es zur Ausbildung von die weitere Korrosion hemmenden Schutzschichten oder zu örtlicher Korrosion als Folge der Stabilisierung von Korrosionselementen. Die verschiedenen Möglichkeiten sind in Bild 3.1.1 und Bild 3.1.2 schematisch dargestellt.

Korrosionsschäden an feuerverzinkten Stahlrohren treten hauptsächlich in der Form auf, daß der Rohrquerschnitt durch voluminöse Rostprodukte verringert wird und schließlich kein ausreichender Durchfluß mehr möglich ist. Diese in Bild 3.1.3* dargestellte Schadensart wird meist erst nach mehr als 20 Jahren beobachtet. Vereinzelt kommt es als Folge ungleichmäßiger Korrosion der Verzinkungsschicht bereits nach kurzer Zeit zu Verunreinigung des Trinkwassers durch Korrosionsprodukte. Ausgesprochen selten sind Schäden in Form von Wanddurchbrüchen, die dann vorzugsweise im Bereich von Verbindungsstellen mit Buntmetallarmaturen auftreten. Die Durchbrüche befinden sich in den meisten Fällen in dem in Bild 3.1.4* dargestellten Bereich des Rohres, in dem die Wanddicke durch das aufgeschnittene Gewinde verringert ist. Eine weitere Schadensart ist die, bei der der Wanddurchbruch nicht am Rohr, sondern am Tempergußfitting auftritt, und zwar in dem in Bild 3.1.5* dargestellten Bereich unmittelbar hinter dem eingeschraubten Rohr.

Die Korrosion von feuerverzinktem Stahl wird wesentlich dadurch bestimmt, daß es sich bei dem Überzug nicht um reines Zink handelt, sondern in Richtung auf den

*(Die Bilder 3.1.3, 3.1.4 und 3.1.5 finden Sie auf Seite 33/34)

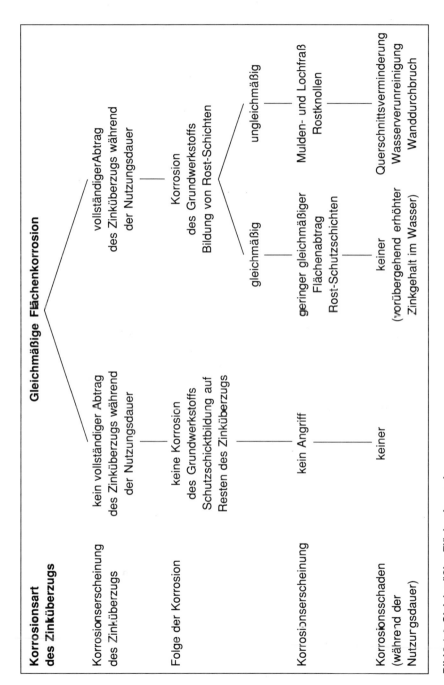

Bild 3.1.1: Gleichmäßige Flächenkorrosion

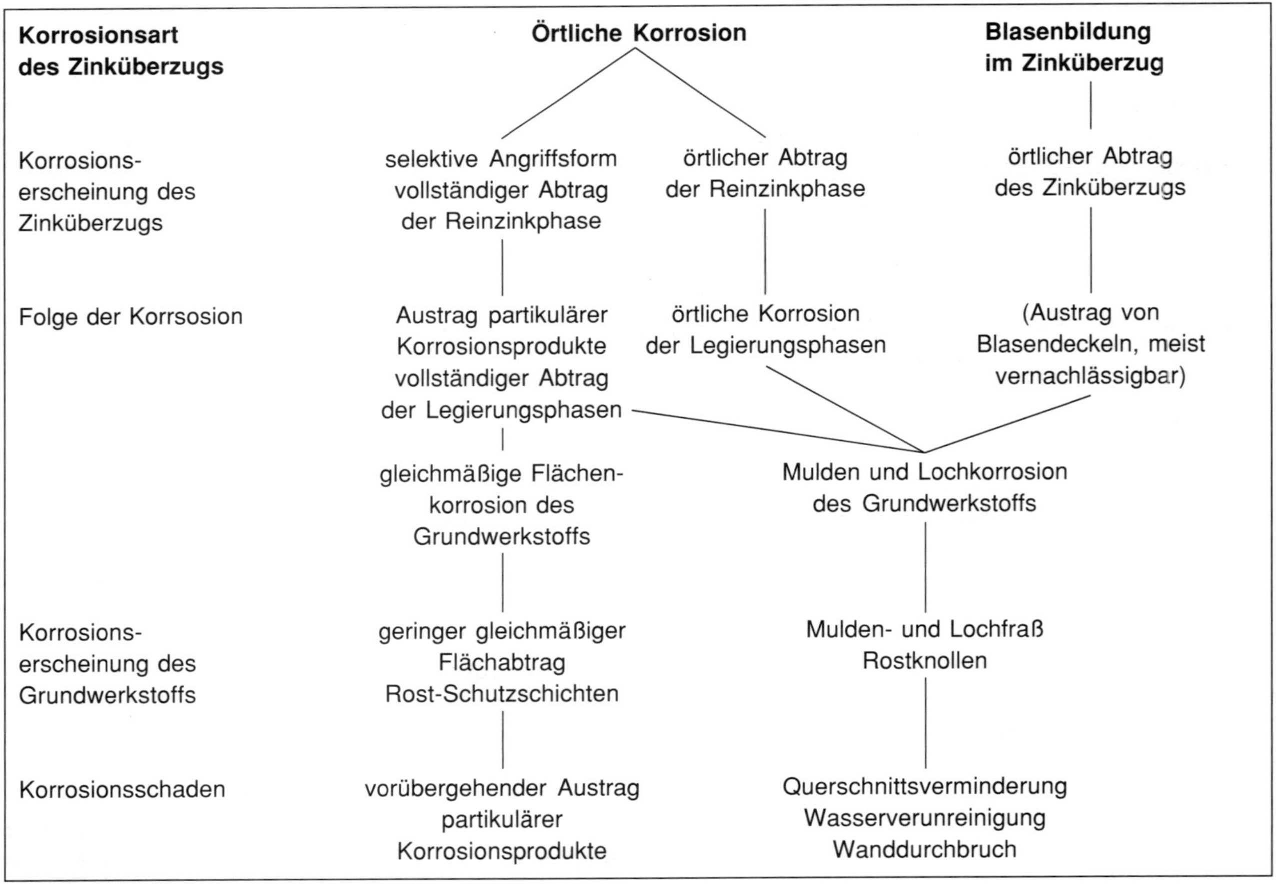

Korrosionsart des Zinküberzugs　　　　**Örtliche Korrosion**　　　　**Blasenbildung im Zinküberzug**

Korrosionserscheinung des Zinküberzugs

selektive Angriffsform vollständiger Abtrag der Reinzinkphase

örtlicher Abtrag der Reinzinkphase

örtlicher Abtrag des Zinküberzugs

Folge der Korrsosion

Austrag partikulärer Korrosionsprodukte vollständiger Abtrag der Legierungsphasen

örtliche Korrosion der Legierungsphasen

(Austrag von Blasendeckeln, meist vernachlässigbar)

gleichmäßige Flächenkorrosion des Grundwerkstoffs

Mulden und Lochkorrosion des Grundwerkstoffs

Korrosionserscheinung des Grundwerkstoffs

geringer gleichmäßiger Flächabtrag Rost-Schutzschichten

Mulden- und Lochfraß Rostknollen

Korrosionsschaden

vorübergehender Austrag partikulärer Korrosionsprodukte

Querschnittsverminderung Wasserverunreinigung Wanddurchbruch

Bild 3.1.2: Örtliche Korrosion

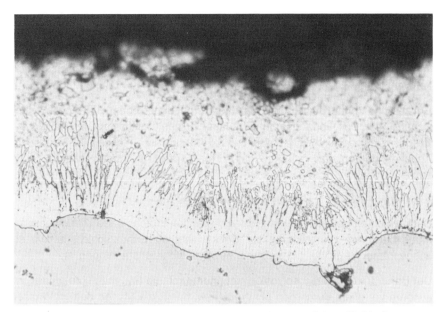

Bild 3.1.6: Querschliff durch den Zinküberzug eines feuerverzinkten Stahlrohres

Stahluntergrund hin zunehmend um Zink-Eisen-Legierungsphasen (Bild 3.1.6). Während zu Beginn der zwangsläufig in jedem Wasser stattfindenden gleichmäßigen Flächenkorrosion Schichten von Korrosionsprodukten entstehen, die nahezu ausschließlich Zinkverbindungen enthalten, werden beim Erreichen der eisenhaltigen Legierungsphasen auch Eisenoxidhydrate (Rost) gebildet. Der Rost, der in Zink-Korrosionsprodukte eingebettet ist, kann sich durch Alterung verfestigen und schließlich nach Herauslösen der Zinkverbindungen eine dauerhafte Rostschutzschicht bilden. Die Funktion der Verzinkungsschicht besteht nach diesen Überlegungen hauptsächlich darin, den aus den eisenhaltigen Legierungsphasen entstehenden Rost auf der Rohrwandung zu fixieren. Dies ist jedoch nur dann möglich, wenn die Abzehrung der Zinkschicht hinreichend langsam und gleichmäßig erfolgt.

Die **gleichmäßige** Korrosion des Zinks in Leitungswasser wird im wesentlichen durch den im Wasser gelösten Sauerstoff bewirkt, mit dem Zink nach

$$Zn + 1/2\ O_2 + H_2O \rightarrow Zn(OH)_2 \qquad (3.1.1)$$

unter Bildung von Zinkhydroxid als primärem Korrosionsprodukt reagiert. Geschwindigkeitsbestimmend sollte danach der Antransport des Sauerstoffs zur Metalloberfläche sein, der durch die Sauerstoffkonzentration und die Fließge-

23

schwindigkeit des Wassers bestimmt wird. Weiterhin sollte die Korrosionsgeschwindigkeit zeitlich konstant sein. Im Gegensatz zu diesen Annahmen haben verschiedene Untersuchungen jedoch gezeigt, daß die Korrosionsgeschwindigkeit weder linear von der Sauerstoffkonzentration abhängt [4,5], noch zeitlich konstant ist [5-7].

Der zeitliche Verlauf der Korrosion ist dadurch gekennzeichnet, daß die Korrosion sich mit der Zeit verlangsamt. Eine ausführliche Diskussion der möglichen Zeitgesetze findet sich in [7]. Dieser Befund läßt sich auf einfache Weise durch die Annahme deuten, daß im Verlauf der Korrosion durch Sekundärreaktionen, z.b. nach

$$5\ Zn(OH)_2 + 2\ CO_2 \quad \rightarrow \quad Zn_5(OH)_6(CO_3)_2 + 2\ H_2O \qquad (3.1.2)$$

Deckschichten gebildet werden, die eine zeitlich zunehmende Diffusionshemmung bewirken. Die Wirkung der Deckschicht als Schutzschicht ist um so ausgeprägter, je größer die durch sie bewirkte Diffusionshemmung ist.

Der Befund, wonach die Korrosion nicht nur durch die Sauerstoffkonzentration, sondern vor allem durch den pH-Wert (bzw. durch die Menge des im Wasser gelösten Kohlendioxids) beeinflußt wird, hat zu verschiedenen Modellvorstellung [8-11] geführt, deren Darstellung den Rahmen dieser Schrift sprengen würde. In diesem Zusammenhang bleibt festzuhalten, daß die Geschwindigkeit der Zinkkorrosion wasserseitig praktisch allein durch die Menge des im Wasser gelösten Kohlendioxids bestimmt wird und sich bei Erhöhung des pH-Wertes um eine Einheit (z.B. von pH 7,0 auf pH 8,0) um etwa eine Zehnerpotenz verringert.

Zum Einfluß der Betriebsweise ist zu sagen, daß die gleichmäßige Korrosion im wesentlichen durch die Häufigkeit des Wasserwechsels bestimmt wird. Der Einfluß der Fließgeschwindigkeit nimmt mit zunehmender Ausbildung der Deckschicht ab. Die Wassertemperatur ist nur von untergeordneter Bedeutung.

Aufgrund der Kenntnisse über die gleichmäßige Korrosion von Zink in Wasser kann man zusammenfassend davon ausgehen, daß eine hinreichend langsame Abtragung der Zinkschicht und damit die Ausbildung der letztlich den Langzeit-Korrosionsschutz bewirkenden Rostschutzschicht nur möglich ist, wenn

-eine ausreichend dicke Verzinkungsschicht und

-ein möglichst niedriger Gehalt des Wassers an Kohlendioxid und

-ein möglichst geringer Wasserdurchsatz

gegeben sind.

24

Die Anforderungen an die Beschaffenheit der Verzinkungsschicht von Stahlrohren sind in DIN 2444 [12] festgelegt. Die Schichtdicke muß danach einer Mindestauflage von 400 g/m² (55 µm) entsprechen. Rohre, die die Anforderungen dieser Norm erfüllen, sind an einer fortlaufenden Kennzeichnung zu erkennen.

Als wasserseitige Einsatzgrenze wird in DIN 50930 Teil 3 [13] ein pH-Wert von 7,0 angegeben. Für Wässer mit niedrigerem pH-Wert kann der Einsatz von feuerverzinktem Stahl nicht empfohlen werden. Weitergehende Erläuterungen zu diesem Komplex enthält das Merkblatt 405 der Beratungsstelle für Stahlverwendung [14]. Die Korrosion kommt in ruhendem Wasser nach einiger Zeit praktisch zum Stillstand, weil das für die Korrosion erforderliche Kohlendioxid und der Sauerstoff durch die Korrosion verbraucht werden und Zink-Ionen in das Wasser gelangen, die die weitere Korrosion verlangsamen. Auf diese Veränderung der Wasserbeschaffenheit ist es zurückzuführen, daß das Ausmaß der Korrosionserscheinungen in einer Rohrleitung von der Häufigkeit des Wasserwechsels beeinflußt wird und mit zunehmender Entfernung von der Einspeisestelle abnimmt. Die ausgeprägtesten Korrosionserscheinungen sind in Kaltwasserleitungen meist unmittelbar hinter dem Wasserzähler zu beobachten.

Korrosionsschäden der Art, daß die Rohre durch voluminöse Rostlnkrustierungen zuwachsen, sind stets auf **ungleichmäßige** Korrosion als Folge der Ausbildung von Korrosionselementen zurückzuführen. Abgesehen von den Besonderheiten im Bereich von Verbindungsstellen (Kontakt mit Buntmetallarmaturen, durch aufgeschnittenes Gewinde verringerte Wanddicke, ungeschützte Schnittkanten, freiliegende Gewindegänge, Spalte zwischen Rohr und Fitting, Hanfreste, Schmutzablagerungen usw.), durch die die Ausbildung von Korrosionselementen begünstigt werden, ist bei ungestörtem Rohr vor allem dann mit ungleichmäßiger Korrosion zu rechnen, wenn die Reinzinkphase der Verzinkungsschicht schnell abgezehrt wird, weil sie entweder zu dünn ist oder seitens der Wasserbeschaffenheit und Betriebsweise ungünstige Bedingungen vorliegen.

Die Intensität der ungleichmäßigen Korrosion, die zu Bildung voluminöser Rostknollen mit darunter befindlichen Mulden im Stahluntergrund führt, wird wasserseitig vor allem durch dessen Anionenzusammensetzung beeinflußt. Dies ist darauf zurückzuführen, daß die negativ geladenen Hydrogencarbonat-, Chlorid, Sulfat- und Nitrat-Ionen im elektrischen Feld des Korrosionselementes zur Anode wandern und hier in unterschiedlicher Weise reagieren.

Die an der Anode gebildeten Kationen neigen in mehr oder weniger ausgeprägtem Maße dazu, mit Wasser nach

$$Zn^{2+} + H_2O \rightarrow Zn(OH)^+ + H^+ \tag{3.1.3}$$

bzw.

$$Fe^{2+} + H_2O \rightarrow Fe(OH)^+ + H^+ \tag{3.1.4}$$

in einer sog. Hydrolysereaktion unter Bildung von Wasserstoff-Ionen zu reagieren. Auch bei der weiteren Oxidation der Eisen(II)-Ionen nach

$$3\ Fe^{2+} + 3\ H_2O + 1/2\ O_2 \rightarrow Fe_3O_4 + 6\ H^+ \tag{3.1.5}$$

entstehen Wasserstoff-Ionen.

Während die Hydrogencarbonat-Ionen nach

$$HCO_3^- + H^+ \rightarrow H_2CO_3 \tag{3.1.6}$$

zu der schwachen Kohlensäure reagieren und sie damit aus dem Anodenraum entfernen, sind die Chlorid- und Sulfat-Ionen hierzu nicht in der Lage und ermöglichen damit eine zunehmend saure Reaktion im Anodenraum, wodurch die Aktivität der Anode gesteigert wird. Die Neigung eines Wassers, Korrosionselemente zu stabilisieren nimmt deshalb mit zunehmenden Gehalten an Chlorid- und Sulfat-Ionen zu und wird mit zunehmendem Gehalt an Hydrogencarbonat-Ionen geringer. Der in DIN 50930 Teil 3 zur Beurteilung der Neigung für Muldenkorrosion eingeführte Quotient

$$\frac{c(Cl^-) + c(1/2\ SO_4^{2-})}{\text{Säurekapazität bis pH 4,3}} \tag{3.1.7}$$

stellt ein quantitatives Maß hierfür dar. Die Säurekapazität bis pH 4,3 ($K_{S4,3}$) ist bei Trinkwässern normalerweise gleich der Konzentration an Hydrogencarbonat-Ionen. Nicht berücksichtigt ist hierbei der Einfluß der Nitrat-Ionen. Diese wirken wahrscheinlich dadurch korrosionsfördernd, daß sie als Oxidationsmittel reagieren.

Bei der Beurteilung der Neigung eines Wassers, Muldenkorrosion zu begünstigen, spielt über den Quotienten nach Gl. (3.1.7) hinaus noch die Konzentration an Calciumhydrogencarbonat eine Rolle, da diese das Ausmaß der Inaktivierung der Kathodenfläche durch Ausfällung von Calciumcarbonat als Folge der Reaktion

$$Ca(HCO_3)_2 + OH^- \rightarrow CaCO_3 + HCO_3^- \tag{3.1.8}$$

mit den nach Gl.(2.2.3) an der Kathode entstehenden Hydroxyl-Ionen beeinflußt.

Bei Zugabe von Phosphaten zum Korrosionsschutz ist es neben der Konzentration der Phosphat-Ionen vor allem die Konzentration an Calcium-Ionen, die die

Wirksamkeit des Korrosionsschutzes beeinflußt. Die Analyse von Deckschichten [15] hat ergeben, daß diese hauptsächlich Calciumphosphat enthalten, das vermutlich nach

$$3\ Ca^{2+} + 2\ HPO_4^{2-} + 2\ OH^- \rightarrow Ca_3(PO_4)_2 + 2\ H_2O$$

auf den Kathodenflächen entsteht.

Eine spezielle Korrosionsart, die durch Nitrat-Ionen begünstigt wird, ist die sog. "Zinkgeriesel"-Korrosion [16,17]. Bei dieser Korrosionsart, die sich durch das Ausspülen sandähnlicher Zink-Korrosionsprodukte zu erkennen gibt, handelt es sich um eine selektive Korrosion der Reinzinkschicht, die als interkristalline Korrosion (entlang der Korngrenzen) beginnt und schließlich zur Bildung locker aufliegender nicht schützender Korrosionsprodukte führt. Die Wirkung der Nitrat-Ionen beruht darauf, daß sie in einem bestimmten Konzentrationsbereich eine Passivierung der Kornflächen bewirken, die dann zu Kathoden von kleinen Korrosionselementen werden, bei denen die aktiveren Korngrenzen die Anoden bilden.

Korrosionsarten der beschriebenen Art, die durch bestimmte Anionen begünstigt werden, können u.U. durch Änderung der Wasserbeschaffenheit mit Hilfe von Anionen-Austauschern beeinflußt werden (näheres hierzu siehe Abschnitt 3.7).

In **Warmwasser** treten Korrosionsschäden an feuerverzinkten Stahlrohren vorzugsweise in Form von Lochfraß oder Muldenfraß auf. Hierbei kommt es zu Rohrdurchbrüchen und häufig auch zu Rostverunreinigung des Wassers. Kennzeichnend für diese Erscheinungsform der Korrosion ist der Befund, wonach die Zinkschicht neben den Durchbruchstellen mit den darüber aufgewölbten Rostpusteln noch weitgehend erhalten ist und eine einwandfrei erscheinende Deckschicht aufweist (Bild 3.1.7, Seite 34). Korrosionsbegünstigend sind

- an die Oberfläche reichende Zink-Eisen-Legierungsphasen
- Kupfer-Ionen im Wasser
- Wassertemperaturen über 60 °C
- nicht abgearbeitete zerklüftete Schweißnähte.

Die Zink-Eisen-Legierungsphasen neigen besonders zu der als Potentialumkehr bezeichneten Erscheinung, die sich darin äußert, daß das Korrosionspotential von feuerverzinktem Stahl positiver (edler) wird als das von Eisen. Neuere Untersuchungen [18] haben ergeben, daß in diesem Zusammenhang die unterschiedliche Hemmung der kathodischen Sauerstoffreduktion durch die gebildete Deckschicht von entscheidender Bedeutung ist. Die auf den Zink-Eisen-Legierungsphasen entstehenden rosthaltigen Deckschichten weisen eine größere elektrische Leitfähigkeit auf als die nur aus Zink-Korrosionsprodukten bestehenden Schichten.

Von der Wasserbeschaffenheit spielen Gehalte an Kupfer-Ionen erfahrungsgemäß eine wesentliche Rolle. Die Kupfer-Ionen können sich vor allem auf noch nicht mit Deckschichten geschützten Zinkflächen als metallisches Kupfer abscheiden, das in dieser Form dann auch bei metallographischen Untersuchungen erkannt werden kann. Durch das metallische Kupfer wird die elektrische Leitfähigkeit der Schicht erheblich vergrößert. Die Bereiche mit abgeschiedenem metallischen Kupfer stellen dementsprechend sehr wirksame Kathodenbereiche dar, die bei Anwesenheit von Bereichen, die als Anode in einem Korrosionselement wirken können, als sehr korrosionsbegünstigend anzusehen sind. Der Zusammenbau von Teilen aus feuerverzinktem Stahl mit Teilen aus Kupfer, die in Fließrichtung vor dem feuerverzinkten Stahl angeordnet sind (Kupfer-Zink-Mischinstallation), wird deshalb schon seit längerer Zeit als Kunstfehler angesehen.

Von besonderer Bedeutung ist schließlich die Wassertemperatur. Obwohl allgemein angenommen wird, daß Temperaturen über 60 °C besonders kritisch sind, muß nach [19] davon ausgegangen werden, daß eine zunehmende Gefährdung je nach Wasserbeschaffenheit bereits bei Temperaturen über 35 °C beginnt. Dies ist darauf zurückzuführen, daß mit zunehmender Temperatur der Anteil von Zinkoxid in der Deckschicht zunimmt. Zinkoxid bewirkt aufgrund seiner Halbleitereigenschaft eine Erhöhung der elektrischen Leitfähigkeit der Deckschicht und begünstigt damit die Ausbildung von Korrosionselementen.

Bereiche, in denen es bevorzugt zu Bildung der Anoden von Korrosionselementen gekommen ist, waren nicht abgearbeitete zerklüftete Schweißnähte. Die Schäden im Zusammenhang mit der Schweißnahtbeschaffenheit sind schon von der Rohraußenseite daran zu erkennen, daß die Durchbruchstellen wie auf einer Perlschnur aufgereiht im Schweißnahtbereich angeordnet sind. Als Folge der erhöhten Anforderungen in der DIN 2444 [12] treten derartige Schäden praktisch nicht mehr auf.

Abgesehen von den kritischen Bereichen bei Verbindungsstellen bilden sich Bereiche, die zu Anoden von Korrosionselementen werden können, häufig als Folge einer speziellen Korrosionsart, die sich durch die Bildung von blasenartigen Aufwerfungen im Zink-Überzug zu erkennen gibt (Bild 3.1.8, Seite 35) und deren Ausmaß mit zunehmender Temperatur und zunehmendem Gehalt des Wassers an Kohlendioxid zunimmt. Zink ist aufgrund seines verhältnismäßig unedlen Charakters grundsätzlich in der Lage, auch bei Abwesenheit von Sauerstoff mit Wasser und Kohlendioxid nach

$$Zn + 2\,H_2O + 2\,CO_2 \;\rightarrow\; Zn^{2+} + 2\,HCO_3^- + 2\,H \qquad (3.1.10)$$

unter Bildung von Wasserstoff zu reagieren. Der in atomarer Form entstehende Wasserstoff kann in das Metall hineindiffundieren und sich an den Zink-Eisen-

Legierungsphasen zu molekularem Wasserstoff verbinden. Dieser bewirkt dann schließlich die Bildung der Blasen im Zinküberzug. Bei Erreichen einer bestimmten Größe kommt es zur Bildung von Rissen in den Blasen. Die als Folge davon abgesprengten Blasendeckel kann man häufig in den Siebeinsätzen der Perlatoren erkennen. Wenn über den ersten Riß in der Blase Wasser ins Blaseninnere eindringt, liegen hier optimale Bedingungen für die Ausbildung von Belüftungselementen (siehe Abschnitt 2.2) vor.

Hinsichtlich des Einflusses der Anionenzusammensetzung auf die Stabilisierung der Korrosionselemente gelten in analoger Weise die Ausführungen zur Muldenkorrosion in Kaltwasser. Die Ausführungen in DIN 50930 Teil 3 [13] dahingehend, daß die Wasserbeschaffenheit bei der Korrosion von feuerverzinktem Stahl keine Rolle spielt, sind als überholt anzusehen.

Im Hinblick darauf, daß entsprechend den Empfehlungen des Bundesgesundheitsamtes [20] zur Verringerung des Legionella-Infektionsrisikos in Zukunft wieder mit höheren Warmwassertemperaturen gerechnet werden muß, kann der Einsatz von feuerverzinktem Stahl im Warmwasserbereich wegen des unter diesen Bedingungen zwangsläufig erhöhten Schadensrisikos ohne besondere Schutzmaßnahmen nicht uneingeschränkt empfohlen werden.

3.2 Schäden an Wasserleitungen aus Kupfer

Bei Korrosionsbelastung von Kupferwerkstoffen durch Wasser findet zwangsläufig Korrosion statt. Sie ist stets mit der Abgabe von Kupfer-Ionen an das Wasser verbunden. Je nach Art und Ausmaß der Korrosion kommt es zur Ausbildung von die weitere Korrosion hemmenden Schutzschichten oder zu örtlicher Korrosion als Folge der Stabilisierung von Korrosionselementen. Die verschiedenen Möglichkeiten sind in Bild 3.2.1 und Bild 3.2.2 schematisch dargestellt.

Gleichmäßige Flächenkorrosion führt üblicherweise zu aus Kupfer-Korrosionsprodukten bestehenden Schutzschichten. Im Idealfall besteht die Schicht aus Kupfer(I)oxid, ist sehr dünn, homogen ausgebildet und von brauner Färbung. In einer Reihe von Wässern wird die Kupfer(I)oxidschicht punktförmig durchbrochen, und es entstehen sehr kleine, aus basischem Kupfercarbonat ($Cu_2(OH)_2CO_3$) bestehende Pusteln, die schließlich zu einer verhältnismäßig homogen erscheinenden grünen Schutzschicht zusammenwachsen.

Wegen der Löslichkeit der Kupfer-Korrosionsprodukte findet als Folge der gleichmäßigen Flächenkorrosion ein Übergang von Kupfer-Ionen auf das Wasser statt. Das Ausmaß dieses Überganges wird durch die Löslichkeit der jeweiligen Verbin-

Gleichmäßige Flächkorrosion

Korrosionsart	Gleichmäßige Flächkorrosion		
Folge der Korrosion	Schutzschichtbildung Cu_2O (braun)	Schutzschichtbildung $Cu_2(OH)_2CO_3$ (grün)	Lockere Korrosionsprodukte $Cu_2(OH)_2SO_4$ (Blaugrün)
Korrosionserscheinung	gleichmäßiger Flächenabtrag	gleichmäßiger Flächenabtrag	ungleichmäßiger Flächenabtrag
Korrosionsschaden	keiner (Bei höheren Gehalten an Kohlendioxid: Blaufärbung des Wassers, Verfärbung von Sanitärkeramik, erhöhte Gehalte des Wassers an Kupfer-Ionen)	keiner	Abgabe von partikulären Korrosionsprodukten

Bild 3.2.1: Gleichmäßige Flächkorrosion bei Kupferrohr

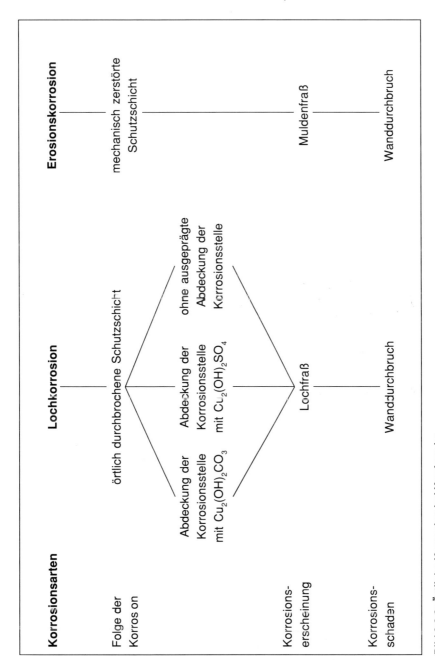

Bild 3.2.2: Örtliche Korrosion bei Kupferrohr

dung, die Wasserbeschaffenheit und die Stagnationsdauer bestimmt. Wenn sich eine Schicht aus basischem Kupfercarbonat bildet, geht die nach Stagnation zu messende Konzentration an Kupfer-Ionen mit der Zeit als Folge der geringeren Löslichkeit des basischen Kupfercarbonats deutlich zurück.

Notwendige Voraussetzung für eine geringe Wahrscheinlichkeit der gleichmäßigen Flächenkorrosion mit Ausbildung einer Schutzschicht ist, daß das Wasser folgenden Anforderungen genügt:

Basekapazität bie pH 8,2 $(K_{B\,8,2}) < 1,5$ mol/m^3
Säurekapazität bis pH 4,3 $(K_{S\,4,3}) > 1,0$ mol/m^3

Die Erfüllung dieser Anforderungen ist jedoch nur dann eine hinreichende Voraussetzung für die Ausbildung einer Schutzschicht, wenn keine Bedingungen vorliegen, die das Auftreten von ungleichmäßiger Korrosion begünstigen.

Durch gleichmäßige Flächenkorrosion werden normalerweise keine Korrosionsschäden verursacht. Nur wenn die Gehalte an gelöstem Kohlendioxid größer sind als den angegebenen Grenzwerten für $K_{B\,8,2}$ entspricht, kann es in Einzelfällen als Folge erhöhter Gehalte des Wassers an Kupfer-Ionen zu einer erkennbaren Blaufärbung des Wassers und zu Verfärbungen an Sanitärkeramik kommen. In letzterem Fall stammen die Kupfer-Ionen häufig nicht aus der Kupferleitung, sondern aus dem Messing einer tropfenden Armatur.

Unabhängig von Verfärbungen des Wassers oder der Sanitärkeramik wird von Seiten der Wasserhygieniker auch der Gehalt des Wassers an Kupfer-Ionen an sich schon als Korrosionsschaden angesehen, nämlich dann, wenn die Konzentration an Kupfer-Ionen den Grenzwert einer Richtlinie über die Trinkwassergüte überschreitet. Wenn beispielsweise gefordert wird, daß die Kupfer-Konzentration in einem Wasser nach einer Stillstandszeit von 12 Stunden nicht größer als 3 mg/l sein darf, dann ist diese Forderung bei Wässern mit einem bestimmten Gehalt an gelöstem Kohlendioxid aufgrund der naturgesetzlich vorgegebenen Löslichkeiten der Kupfer-Korrosionsprodukte grundsätzlich nicht zu erfüllen. Dies gilt jedoch nur für die Wassermenge, die in den Kupferrohren gestanden hat. Schon nach einmaligem Durchspülen der Leitung liegen die Gehalte an Kupfer-Ionen deutlich unter dem Grenzwert. Bei dieser Art des Korrosionsschadens, der durch erhöhten Gehalt des Wassers an Kupfer-Ionen beeinträchtigten Trinkwassergüte, liegt somit ein **zeitlich begrenzter** Korrosionsschaden vor. Ob es bei dieser Sachlage unter dem Gesichtspunkt der Verhältnismäßigkeit gerechtfertigt ist, den Einsatz von Kupferrohren in bestimmten Wässern zu verbieten, oder ob man vielmehr damit leben könnte, daß aus einer Trinkwasserleitung einmal am Tag wenige Liter Nichttrinkwasser anfallen können, erscheint durchaus diskussionswürdig.

Bild 3.1.3:
Feuerverzinktes Stahlrohr mit voluminösen Rostprodukten

Bild 3.1.4:
Wanddurch-bruch in dem durch das aufgeschnittene Gewinde geschwächten Bereich

Bild 3.1.5:
Wanddurch-
bruch an
einem Temper-
gußfitting
hinter dem
eingeschraub-
ten Rohr

Bild 3.1.7:
Lochfraßstelle
in feuerverzink-
tem Stahlrohr
aus einer
Warmwasser-
leitung

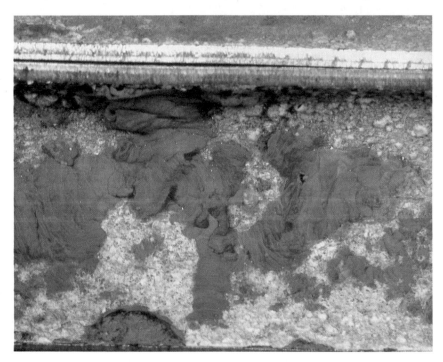

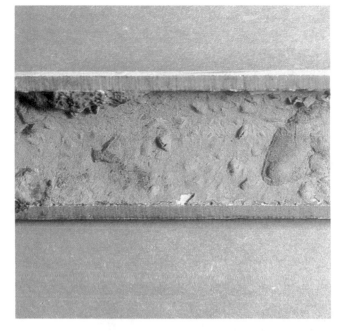

Bild 3.1.8:
Blasig aufge-
worfener
Zinküberzug

Bild 3.2.3:
Lochfraßstellen
in einem
Kupferrohr einer
Kaltwasser-
leitung in
6-Uhr-Lage mit
Dreiphasen-
grenze
Luft/Wasser/
Werkstoff

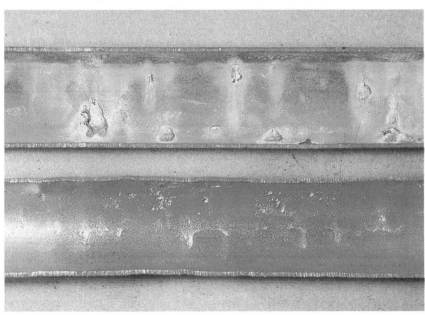

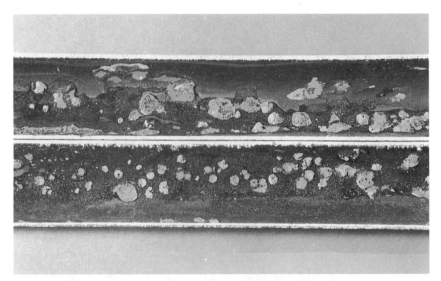

Bild 3.2.6: Mit basischem Kupfersulfat als Korrosionsprodukt überdeckte Lochfraßstellen in einem Kupferrohr einer Warmwasserleitung

Bild 3.2.7 Muldenfraß in einem Kupferrohr als Folge von Erosionskorrosion

In Wässern mit sehr geringen Gehalten an Calciumhydrogencarbonat ($K_{S4,3} < 1,0$) kann basisches Kupfersulfat ($Cu_2(OH)_2SO_4$) die schwerstlösliche Verbindung werden. Diese locker aufliegenden Korrosionsprodukte werden leicht mit schnell fließendem Wasser abgetragen. In derartigen Fällen kann die im Wasser analytisch festzustellende Kupfer-Konzentration wesentlich größer werden, als dies aufgrund der Löslichkeit der Korrosionsprodukte zu erwarten wäre. Auch in diesen Fällen bleibt der Abtrag jedoch so gering, daß Korrosionsschäden in Form von Wanddurchbrüchen nicht auftreten.

Unter kritischen Bedingungen hinsichtlich der Beschaffenheit der Innenoberfläche der Kupferrohre, der Wasserbeschaffenheit und der Betriebsweise kann es zur Ausbildung von Korrosionselementen kommen, die dann Lochkorrosion verursachen.

Die in Kaltwasser zu beobachtende Form von Lochfraß ist durch verstärkte Bildung von basischem Kupfercarbonat über der Angriffsstelle gekennzeichnet.(Bild 3.2.3 siehe Seite 35). Bild 3.2.4 zeigt die schematische Darstellung einer Lochfraßstelle nach Lucey [24].

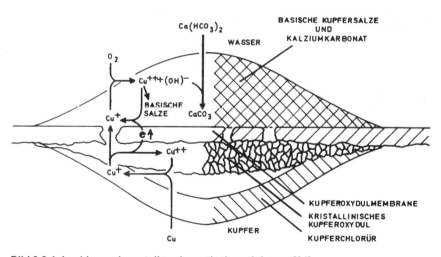

Bild 3.2.4: Lochkorrosionsstelle schematisch nach Lucey [24]

Die gesamte Angriffsstelle ist fast immer in Höhe der ursprünglichen Kupferoberfläche durch eine zusammenhängende Kupfer(I)oxidschicht abgedeckt, unter der sich am Grunde der Angriffsstelle grobkristallines Kupfer(I)oxid und feinkristallines weißes Kupfer(I)chlorid in wechselnden Mengenverhältnissen befinden. Wenn man die grünen Korrosionspusteln mit einem Messer abhebt, wird eine auf den ersten Blick intakt erscheinende glänzende braunviolette Kupferoxidschicht erkennbar. Nur bei genauem Hinsehen findet man kleine Poren in dieser Schicht. Durch Kratzen mit einem spitzen Gegenstand läßt sich dann leicht feststellen, daß der Bereich unter der grünen Pustel weitgehend unterhöhlend angegriffen ist. Besonders augenfällig sind die rubinroten Kupfer(I)oxidkristtalle, die unterhalb der Schicht aufgewachsen sind. Rohrdurchbrüche können bereits nach Betriebszeiten von weniger als einem Jahr auftreten. Die Lochfraßstellen befinden sich meist auf der Unterseite horizontal verlegter Rohre in der sog. 6-Uhr-Lage in den von der Einspeisestelle entferntesten Leitungen.

Voraussetzungen für das Auftreten von Lochkorrosion sind:

- filmartige Beläge von Kohlenstoff oder Kupferoxid auf der Rohrinnenwand und

- lochkorrosionsbegünstigendes Wasser und

- kritische Betriebsbedingungen.

Zu Lochkorrosion kann es nur dann kommen, wenn alle drei Voraussetzungen gleichzeitig gegeben sind.

Filmartige Beläge von elementarem Kohlenstoff sind bei den vor 1981 hergestellten Rohren weichen Kupferrohren beim Weichglühen durch thermische Zersetzung von Ziehschmiermittelresten gebildet worden. Nach 1981 sind die Rohre zum Teil in schwach oxidierender Atmosphäre weichgeglüht worden (wodurch die Ziehschmiermittelreste verbrannt und eine dichte geschlossene Kupferoxidschicht erzeugt worden ist) und zum Teil durch Sandstrahlen von Kohlenstofffilmen befreit worden. Als Folge dieser Maßnahmen ist bei den nach 1981 produzierten weichen Kupferrohren praktisch **keine** Lochkorrosion mehr aufgetreten.

Bei harten Kupferrohren können Kohlenstoffbeläge aus den Ziehschmiermittelresten nur durch entsprechende Wärmezufuhr bei der Verarbeitung (z.B. beim Hartlöten oder Warmbiegen) gebildet werden. Insofern war es verständlich, daß die Korrosionsstellen sich bei harten Rohren stets im Bereich von Hartlot-Verbindungsstellen befanden oder in Bereichen, in denen das Rohr zum Biegen erwärmt worden war. Die seit 1981 durch zusätzliche Reinigungsmaßnahmen bewirkte Verringerung der Menge der Ziehschmiermittelreste hat jedoch nicht zu der erwarteten Verringerung der Schadensfälle geführt. Versuche, die mit unterschiedlichen Rohrqualitäten durchgeführt worden sind, haben schließlich gezeigt, daß Lochkorrosion (unter kritischen Bedingungen hinsichtlich Wasserbeschaffenheit und Betriebsweise) **bei allen Rohrqualitäten** in Nachbarschaft von (handwerklich einwandfrei hergestellten) **Hartlotverbindungsstellen** auftreten kann.

Dieses Ergebnis kann zur Zeit nur mit der Annahme gedeutet werden, daß Lochkorrosion bei Kupfer in Kaltwasserleitungen nicht nur durch **Kohlenstofffilme**, sondern auch durch **Kupferoxidbeläge** (wie sie beim Hartlöten entstehen) ausgelöst werden kann [21,22]. In Gebieten mit kritischer Wasserbeschaffenheit wird deshalb neuerdings empfohlen, die Rohre (bis zur Abmessung 28 x 1,5) durch Weichlöten zu verbinden, da hierbei die für die thermische Zersetzung der Ziehschmiermittelreste erforderliche Temperatur nicht erreicht wird.

Die Empfehlung zum Weichlöten stützt sich nicht nur auf die angeführten Untersuchungen. Langjährige Statistiken, die beim Deutschen Kupfer-Institut über Schadensfälle geführt werden, zeigen ebenfalls eindeutig, daß Schäden ausschließlich an hartgelöteten harten Rohren, nicht jedoch an weichgelöteten harten Rohren aufgetreten sind. Mehr noch als die Ergebnisse einer einzelnen Versuchsreihe spricht dieser Befund für die Annahme, daß das Risiko des Auftretens von Lochkorrosion bei harten Kupferrohren ebenfalls praktisch auf Null gebracht werden kann, wenn die Verbindung durch fachgerechtes Weichlöten erfolgt.

Ausschlaggebend für die Wahl der Verbindungstechnik sind die praktischen Erfahrungen des Installateurs vor Ort. Nur wenn man aufgrund vorliegender Erfahrungen sicher sein kann, ein Wasser vorliegen zu haben, in dem keine Lochkorrosion auftritt, kann man weiterhin harte Rohre durch Hartlöten verbinden. Wenn Hinweise vorliegen, daß sich die Wasserbeschaffenheit in absehbarer Zeit ändern wird (z.B. durch Anschluß an eine Fernwasserversorgung), oder wenn gar bereits Schäden durch Lochkorrosion im vorliegenden Wasser aufgetreten sind, ist bei der Verbindung von Kupferrohren für Kaltwasserleitungen (und die nicht in eine Zirkulation einbezogenen Warmwasser-Stichleitungen) unbedingt dem Weichlöten der Vorzug zu geben. Bei Warmwasser-Zirkulationsleitungen hat die Verbindungstechnik keinen Einfluß auf die Korrosion.

Der Einfluß der Wasserbeschaffenheit auf die Korrosionswahrscheinlichkeit ist in Abhängigkeit von den Teilreaktionen gesondert zu betrachten.

Die anodische Teilreaktion der Metallauflösung bei der Lochkorrosion in Kaltwasser wird im wesentlichen durch die Anionenzusammensetzung beeinflußt. Die Bedeutung des Verhältnisses von **Sulfat-Ionen**- und **Hydrogencarbonat-Ionen**-Konzentration wird in dem aus [23] entnommenen Bild 3.2.5 deutlich. Einer umfangreichen Untersuchung über den Einfluß der verschiedenen Wasserparameter auf die Wahrscheinlichkeit des Auftretens von Lochkorrosion [24] ist zu entnehmen, daß die Schadenswahrscheinlichkeit hauptsächlich durch die **Sulfat-Ionen**-Konzentration des Wassers beeinflußt wird und diese **um so kritischer ist, je kleiner die Chlorid-Ionen**-Konzentration ist.

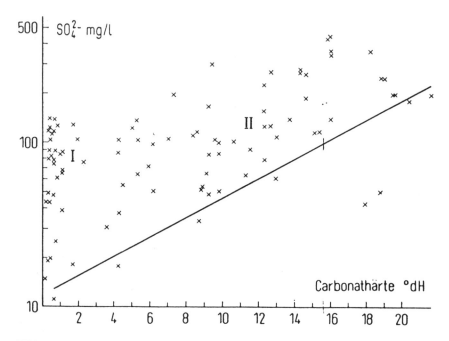

Bild 3.2.5: Sulfat-Ionen-Gehalt und Karbonathärte von Wässern, in denen Lochkorrosion aufgetreten ist (nach [23])
Bereich I = Warmwasser; Bereich II = Kaltwasser

Die Einflüsse der Anionenzusammensetzung auf die Lochkorrosion beim Kupfer werden verständlich, wenn man ältere Überlegungen zum Mechanismus [24] kritisch überdenkt. Danach kann man die Vorgänge im Anodenraum unterhalb der als elektrisch leitfähig angenommenen Kupfer(I)oxidschicht als Kettenreaktion ansehen. Nach der Startreaktion

$$Cu \rightarrow Cu^+ + e^- \tag{3.2.1}$$

reagiert das Cu^+-Ion auf der Unterseite der Kupferoxidschicht unter Abgabe eines weiteren Elektrons

$$Cu^+ \rightarrow Cu^{2+} + e^- \tag{3.2.2}$$

zu einem Cu^{2+}-Ion, das danach mit metallischem Kupfer nach

$$Cu^{2+} + Cu \rightarrow 2\,Cu^+ \tag{3.2.3}$$

zwei Cu^+-Ionen bildet.

Nach jedem Ablauf der Reaktionen (3.2.2) und (3.2.3) hat sich die Zahl der Kupfer(I)-Ionen verdoppelt, d.h. die Geschwindigkeit der Kupferauflösung könnte gleichsam explosionsartig zunehmen. Tatsächlich tut sie das nicht, weil der Stoffumsatz durch die Geschwindigkeit der Umsetzung der nach Gl.(3.2.2) an die Kupferoxidschicht abgegebenen Elektronen begrenzt wird, die nur in dem Maße möglich ist, wie der Sauerstoff aus dem Wasser zur Aufnahme der Elektronen nach Gl.(2.2.3) herantransportiert wird. Verständlich wird aufgrund dieser Kettenreaktion jedoch das Vorliegen einer maximal aktiven Anode. Verringert werden könnte die Aktivität der Anode nur durch Vorgänge, bei denen Kupfer-Ionen aus dem Anodenraum entfernt werden. Dies kann einerseits dadurch erfolgen, daß Kupfer-Ionen durch Migration im elektrischen Feld des Korrosionselementes und durch Diffusion durch Poren in der Oxidschicht aus dem Anodenraum heraus transportiert werden, bzw. andererseits im Anodenraum durch Reaktion zu unlöslichen Verbindungen entfernt werden. Derartige Reaktionen, die als Kettenabbruchreaktionen angesehen werden können, sind die Reaktion von Kupfer(I)-Ionen mit Chlorid-Ionen

$$Cu^+ + Cl^- \rightarrow CuCl \tag{3.2.4}$$

zu schwerlöslichem Kupfer(I)chlorid und die Reaktion

$$Cu^+ + H_2O \rightarrow Cu_2O + 2\,H^+ \tag{3.2.5}$$

unter Bildung von Kupfer(I)oxid. Letztere Reaktion wird begünstigt, wenn die entstehenden Wasserstoff-Ionen nach

$$H^+ + HCO_3^- \rightarrow CO_2 + H_2O \tag{3.2.6}$$

entfernt werden. Beide Substanzen werden regelmäßig bei der Untersuchung von Lochkorrosionsstellen im Anodenraum gefunden. Bisher hat man sie als kennzeichnend für ein aktives Korrosionselement angesehen. Nach den vorstehenden Überlegungen müssen sie jedoch als Begleiterscheinung der Inaktivierung einer Anode angesehen werden. Entsprechend den im vorigen Kapitel für Zink formulierten Anionenquotienten könnte man zur Charakterisierung eines Wassers im Hinblick auf seine Neigung, Lochkorrosion bei Kupfer zu begünstigen, einen Quotienten

$$\frac{f_1\,c(1/2\,SO_4^{2-}) + f_2\,c(NO_3^-)}{f_3\,c(Cl^-) + f_4\,c(HCO_3^-)} \tag{3.2.7}$$

formulieren, in dem die Sulfat- und Nitrat-Ionen die korrosionsbegünstigenden und die Chlorid- und Hydrogencarbonat-Ionen die korrosionshemmenden Bestandteile darstellen. Die Faktoren f_1 bis f_4 charakterisieren dabei die unterschiedlich stark ausgeprägte Wirksamkeit der verschiedenen Anionen. Aufgrund dieser Überlegungen sind mit ermutigendem Erfolg Versuche durchgeführt worden, um durch Einsatz von Anionenaustauschern Lochkorrosion in Kupferleitungen zum Stillstand zu bringen [25].

Die Einflüsse der Wasserbeschaffenheit auf die Aktivität der Kathodenreaktion sind vielfältig. Der wichtigste Einfluß geht wahrscheinlich von organischen Spurenbestandteilen aus, die die Ausbildung der Kupfer(I)oxidschicht beeinflussen. Wenn der Halbleiter Kupfer(I)oxid derart ausgebildet ist, daß er eine gute elektrische Leitfähigkeit aufweist, dann ist die Ausbildung von Korrosionselementen begünstigt. Im anderen Fall, wenn die Kupfer(I)oxidschicht so ausgebildet ist, daß sie eine schlechte elektrische Leitfähigkeit aufweist, ist die Ausbildung bzw. Stabilisierung von Korrosionselementen praktisch nicht möglich. Dementsprechend gibt es Wässer, in denen Lochkorrosion nicht möglich ist, wie z.B. Oberflächenwässer, die aufgrund ihrer Herkunft Spuren von organischen Produkten enthalten, die zur Bildung einer schlecht leitenden Kupfer(I)oxidschicht führen, während Grundwässer, denen diese Verunreinigungen fehlen, zur Bildung von gut elektrisch leitenden Kupfer(I)oxidschichten führen. Nur bei einer derartigen Schicht ist nach den Ausführungen in Abschnitt 2.2 die Ausbildung der die Lochkorrosion verursachenden Korrosionselemente möglich.

Eine weitere Einflußgröße für die kathodische Reaktion ist die Sauerstoffkonzentration im Wasser. Bei Sauerstoffkonzentrationen unter 0,1 g/m^3 tritt keine Lochkorrosion auf. Bei den in Trinkwasser üblichen Konzentrationen über 3 g/m^3 wird die kathodische Reaktion durch den Sauerstoffgehalt praktisch nicht beeinflußt.

Ein letzter Einfluß auf die kathodische Wirksamkeit kann im Kalksättigungszustand des Wassers gesehen werden. Ein Wasser, das im Kalk-Kohlensäure-Gleichgewicht ist oder zur Kalk-Abscheidung neigt, wird aktive Zentren der Kathodenreaktion blockieren können, weil es als Folge der ausgeprägten Bildung von Hydroxyl-Ionen hier zu Kalkabscheidung kommen kann.

Die Aussagen in DIN 50930 Teil 5 [26] zur Lochkorrosion von Kupfer in Kaltwasserleitungen sind zum größten Teil durch die seit 1980 gewonnenen neueren Erkenntnisse überholt, sodaß diese Norm erst nach der zur Zeit stattfindenden Überarbeitung wieder herangezogen werden kann.

Bei den kritischen Betriebsbedingungen ist vor allem an die Fließbedingungen zu denken. Da mit zunehmender Fließgeschwindigkeit der Antransport von Sauerstoff zur Rohrwand und damit die Kathodenreaktion begünstigt wird, sollte man

42

eine Zunahme der Wahrscheinlichkeit für Lochkorrosion erwarten. Da andererseits (zumindest in Kaltwasser) mit zunehmender Fließgeschwindigkeit die Auflösung der Deckschicht und damit die gleichmäßige Korrosion begünstigt und die Ausbildung von Korrosionselementen behindert wird, nimmt die Wahrscheinlichkeit für Lochkorrosion tatsächlich mit zunehmender Fließgeschwindigkeit ab. Schäden treten bevorzugt in wenig durchströmten Endstrangleitungen auf. Besonders kritisch ist es offensichtlich auch, wenn das Wasser nach einer Druckprobe wieder abgelassen wird und in einzelnen horizontalen Strängen Wasserreste verbleiben. Von der hier vorliegenden Dreiphasengrenze Kupfer/Wasser/Luft geht häufig der Anstoß für die Lochkorrosion aus. Von Bedeutung sind außerdem Verunreinigungen mit Weichlotflußmitteln, Sand oder Rost. Durch Verzicht auf eine Wasserdruckprobe und durch sorgfältiges Spülen vor der Inbetriebnahme kann das Schadensrisiko erheblich verringert werden.

Zum Einfluß der Inbetriebnahme und der Betriebsweise muß allerdings einschränkend darauf hingewiesen werden, daß die als kritisch angesehenen Faktoren nur dann wirksam werden können, wenn beide notwendigen Voraussetzungen für Lochkorrosion, das Vorliegen von Kohlenstoff- bzw. Kupferoxidfilmen und das Vorliegen eines Lochkorrosion ermöglichenden Wassers, erfüllt sind. Wenn nur eine dieser Bedingungen nicht gegeben ist, kann es nicht zu Lochkorrosion kommen, d.h. auch durch Dreiphasengrenzen, Schmutzablagerungen und kritische Stagnationszeiten kann keine Lochkorrosion ausgelöst werden.

Eine Besonderheit der Lochkorrosion bei Kupfer in Kaltwasserleitungen, die noch erwähnt werden muß, ist der ungewöhnliche zeitliche Verlauf der Schadenshäufigkeit. Bei praktisch allen Korrosionsarten kann man davon ausgehen, daß die Korrosion mit der Zeit zunimmt und dementsprechend auch das Schadensrisiko mit zunehmender Betriebszeit größer wird. Im Gegensatz dazu wird bei der Lochkorrosion von Kupfer in Kaltwasser ein ausgeprägtes Maximum der Schadenshäufigkeit beobachtet. Mit zunehmender Betriebszeit nimmt die Schadenshäufigkeit wieder ab [23]. Dies kann nur so gedeutet werden, daß die Lochkorrosion nur in der Anfangsphase der ersten Berührung des Rohres mit dem Wasser beginnt und außerdem nur beim Überschreiten einer kritischen Korrosionsgeschwindigkeit überhaupt zum Durchbruch führen kann. Wenn die Korrosionsgeschwindigkeit zu klein ist, verschließt sich die Lochkorrosionsstelle mit Korrosionsprodukten und wird inaktiv. Bei der Untersuchung von korrodierten Kupferrohren findet man stets außer den durchgebrochenen Korrosionsstellen eine Vielzahl von kleineren Korrosionsansätzen. Hierbei handelt es sich offensichtlich um Bereiche mit zum Stillstand gekommener Lochkorrosion.

Abgesehen von dem oben beschriebenen normalen zeitlichen Ablauf gibt es eine kleine Zahl von (allerdings zum Teil sehr spektakulären) Korrosionsschäden, die erst nach 8 oder mehr Jahren aufgetreten sind. Zur Deutung dieser Fällen geht man derzeit davon aus, daß sich auch in diesen Rohren unmittelbar nach der ersten Berührung mit Wasser zunächst Bereiche mit Lochkorrosion ausgebildet haben, die dann jedoch aufgrund einer unkritischen Wasserbeschaffenheit inaktiviert worden sind. Wenn sich jetzt nach längerer Betriebszeit die Wasserbeschaffenheit grundsätzlich verändert, können die inaktiv gewordenen Bereiche erneut aktiviert werden.

Die vorstehend beschriebene Lochkorrosion tritt in **Warmwasserleitungen** nicht auf, wahrscheinlich deshalb, weil sich unter den Bedingungen in einer Warmwasserleitung keine hinreichend elektrisch leitende Oxidschicht ausbilden kann. Wenn dennoch vereinzelt Rohre aus Warmwasserleitungen schadhaft werden, handelt es sich stets um Stichleitungen außerhalb der Zirkulation, die vor allem bei geringerer Nutzung von den Betriebsbedingungen her eher Kaltwasserleitungen vergleichbar sind.

Die sehr viel seltener zu beobachtende Erscheinungsform von Lochfraß in Warmwasser ist durch das scheinbar unzerstörte Aussehen der Rohrinnenfläche gekennzeichnet. Mit bloßem Auge sind bei den von der Innenseite ausgehenden Durchbrüchen auf der Außenseite feine nadelstichartige Löcher zu beobachten. Die Innenseite ist meist mit amorphen Ablagerungen bedeckt. Unter ihnen liegen zahlreiche kleine Lochfraßstellen, in deren Mündungsbereich sich geringe Mengen grünblauer Korrosionsprodukte (meist basische Kupfersulfate) befinden. Im Gegensatz zu dem in Kaltwasser zu beobachtenden Lochfraß ist ferner die Variationsbreite der Erscheinungsformen größer (z.B. stärkere Ausbildung der blaugrünen Korrosionsprodukte, Fehlen der Ablagerungen).

Bei der in Warmwasser auftretenden Spielart der Lochkorrosion wird die anodische Metallauflösung wasserseitig in erster Linie durch den Gehalt des Wassers an Hydrogencarbonat-Ionen beeinflußt. Diese Korrosionsart wird vorzugsweise in weichen Wässern beobachtet, bei denen sich wegen der zu geringen Gehalte an Hydrogencarbonat-Ionen kein basisches Kupfercarbonat über den Lokalanoden bilden kann. Der Einfluß der Chlorid-, Sulfat- und Nitrat-Ionen ist wahrscheinlich ähnlich wie bei der Korrosion in Kaltwasser. Die Kathodenreaktion wird in gleicher Weise wie in Kaltwasser durch den Sauerstoffgehalt des Wassers beeinflußt. Hinsichtlich der Betriebsbedingungen ist festzustellen, daß diese Korrosionsart vorzugsweise bei Temperaturen über 60 °C auftritt.

Im Gegensatz zu Lochkorrosion in Kaltwasser hat es hier den Anschein, als ob die Wahrscheinlichkeit für Lochkorrosion hier mit zunehmender Strömungsgeschwindigkeit zunimmt, d.h. die Begünstigung der Kathodenreaktion durch besseren

Antransport von Sauerstoff mehr ins Gewicht fällt als die Behinderung der Stabilisierung der Anoden durch verstärkten Abtransport von Korrosionsprodukten.

Eine weiter sehr seltene Spielart der Lochkorrosion, ist in Bild 3.2.6 (Seite 36) dargestellt. Bei dieser Spielart der Lochkorrosion, die sehr ausgeprägt in einem Großkrankenhaus aufgetreten ist und dementsprechend auch Schlagzeilen gemacht hat, besteht der Verdacht, daß die Anoden unter Kolonien von Mikroorganismen entstanden sind.

Aufgrund der durchgeführten Untersuchungen kann davon ausgegangen werden, daß seitens der Rohrbeschaffenheit keinerlei Besonderheiten vorgelegen haben.

Hinsichtlich der Wasserbeschaffenheit ist zu sagen, daß sich das hier zur Verteilung kommende Talsperrenwasser nicht wesentlich von anderen Talsperrenwässer unterscheidet. Ungewöhnlich gegenüber den meisten anderen Trinkwässern ist der sehr geringe Gehalt an Hydrogencarbonat-Ionen, was dazu führt, daß die Korrosionsprodukte, mit denen die Lochkorrosionsstellen abgedeckt sind, im wesentlichen aus basischem Kupfersulfat bestehen. Weiterhin ist davon auszugehen, daß Talsperrenwässer dieser Art in stärkerem Maße Mikroorganismen enthalten, die unter bestimmten Bedingungen zum Bewuchs auch auf Kupferoberflächen neigen. Es hat den Anschein, als ob sich auf den Rohrinnenflächen zunächst ein mehr oder weniger gleichmäßiger "Rasen" von Mikroorganismen gebildet hat, den dann andere in Kugelkolonien auftretende Mikroorganismen als Nährstoffquelle genutzt haben. Deren zum Teil sauer bzw. komplexbildend reagierende Stoffwechselprodukte haben hier schließlich zu einer örtlichen Schwächung der Oxidschicht geführt, wodurch die Ausbildung von Korrosionselementen mit Anoden unterhalb der Kugelkolonien möglich wurde.

Über die besonderen Bedingungen, die im übrigen zum Ablaufen dieser Korrosionsart erfüllt sein müssen, können ebenfalls nur Vermutungen angestellt werden. Im vorliegenden Fall lagen ca. 9 Monate zwischen der ersten Befüllung der Rohrleitung und der Inbetriebnahme. In dieser Zeit vor der Inbetriebnahme sind die Leitungen in den Wintermonaten zur Vermeidung von Frostschäden zeitweilig mit schwach erwärmtem Wasser betrieben worden. Außerdem sind mehr oder weniger regelmäßig in dieser Zeit geringe Wasserentnahmen vorgenommen worden. Schließlich ist das Wasser über einen an sich gar nicht erforderlichen Dolomit-Filter geleitet worden, der aufgrund unzureichender Rückspülmöglichkeit zu einem Siedlungsplatz für alle möglichen Mikroorganismen werden konnte. Es ist davon auszugehen, daß in diesem speziellen Fall für das Wachstum von Mikroorganismen extrem günstige Bedingungen vorgelegen haben, wie sie normalerweise nicht anzutreffen sind. Dies würde auch erklären, warum Schäden der beschriebenen Art in größerem Umfang nur in diesem einen Krankenhaus aufgetreten sind. Dementsprechend ist auch nicht damit zu rechnen, daß diese Spielart der durch Mikroorganismen ausgelösten Lochkorrosion in Zukunft noch häufig auftreten wird.

Da die verschiedenen Arten der Lochkorrosion auf sehr unterschiedliche Ursachenkomplexe zurückzuführen sind, ist es erforderlich, sie nach ihrem Erscheinungsbild sorgfältig auseinanderzuhalten. Dies gilt auch für die Erosionskorrosion, die nach einem anderen Mechanismus ebenfalls zu Wanddurchbrüchen führt.

Die Erosionskorrosion, deren Erscheinungsform in Bild 3.2.7 (Seite 36) dargestellt ist, ist eine Korrosionsart, die ausschließlich in Warmwasserleitungen beobachtet wird und sich durch das vollständige Fehlen von Korrosionsprodukten zu erkennen gibt. Sie findet nur im Bereich der Zirkulationsleitungen vorzugsweise an Stellen statt, an denen aufgrund von Umlenkungen oder Querschnittsveränderungen örtlich erhöhte turbulente Strömung gegeben ist. In diesen Bereichen findet ein verstärkter Abtrag der Oxidschicht statt, der dann über die Nachbildung der Oxidschicht auch einen verstärkten Metallabtrag bewirkt. Es hat den Anschein, als ob der verstärkte Abtrag auch dadurch begünstigt wird, daß die Strömung im Unterdruckbereich der turbulenten Strömung durch Ausscheidung von Luftbläschen zweiphasig wird. Hierbei handelt es sich um den gleichen Effekt, den man hin und wieder beobachten kann, wenn Warmwasser beim Zapfen milchig trüb ausläuft, weil es bei dem durch das Zapfen des Wassers bewirkten Druckabfall zum Ausgasen der im erwärmten Wasser übersättigten Luft kommt. Von der Wasserseite her wird die Erosionskorrosion durch höhere Gehalte an gelöstem Kohlendioxid begünstigt. Schäden dieser Art können auf einfachste Weise durch Verringerung der Strömungsgeschwindigkeit in den Warmwasser-Zirkulationsleitungen vermieden werden.

Eine weitere Korrosionsart, die bevorzugt in Warmwasserleitungen auftritt, betrifft nicht die Rohrleitungen, sondern Armaturen aus den üblichen Kupfer-Zink-Legierungen (Messing). Bei dieser als Entzinkung bezeichneten selektiven Korrosion, die sich zunächst durch Salzkrusten auf der Außenseite der Armaturen bemerkbar macht, wird Zink selektiv durch Korrosion herausgelöst, ein schwammiges Gerüst von Kupfer bleibt zurück. Wasserseitig wird diese Korrosionsart durch geringe Gehalte an Hydrogencarbonat-Ionen oder durch erhöhte Gehalte an Neutralsalzen begünstigt. In beiden Fällen wird die Ausbildung einer im wesentlichen Zinkcarbonate enthaltenden Schutzschicht behindert.

Zur näheren Beurteilung kann das in Bild 3.2.8 dargestellte Diagramm von Turner [27] herangezogen werden.

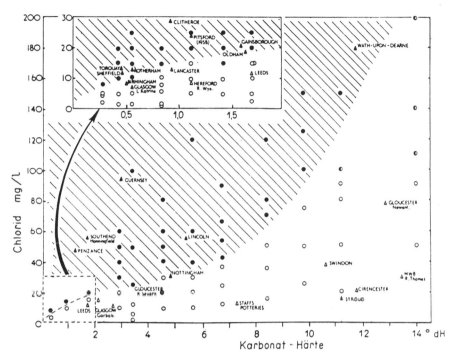

Bild 3.2.8: Chlorid Ionen-Gehalt und Karbonathärte von Wässern; im schraffierten Bereich ist Entzinkung aufgetreten (Turner - Diagramm nach [27])

3.3 Schäden an Wassererwärmern aus emailliertem Stahl

Die Emaillierung wird in großem Umfang bei Speicher-Wassererwärmern und Warmwasserspeichern als Korrosionsschutz angewendet. Unter der Voraussetzung, daß die Anforderungen der DIN 4753 Teil 3 [28] hinsichtlich des Qualitätsniveaus der Emaillierung und die der DIN 4753 Teil 6 [29] hinsichtlich der Bemessung des kathodischen Schutzes erfüllt sind, können Korrosionsprobleme bei Abwesenheit größerer metallischer Einbauten aus edleren Werkstoffen wie z.B. Kupfer und nichtrostender Stahl nur dann auftreten, wenn die zum Schutz vor Korrosion an den unvermeidlichen kleinen Fehl- und Schwachstellen eingebauten galvanischen Anoden nicht rechtzeitig im Rahmen einer Wartung erneuert werden und gleichzeitig ein Wasser vorliegt, das sehr wenig Calciumhydrogencarbonat enthält, (wie z.B. Talsperrenwasser). Bei Wässern mit größeren Gehalten an Calciumhydrogencarbonat kommt es in dem Korrosionselement mit dem Magnesium als Anode und dem im Vergleich dazu edleren Eisen (das an den Fehlstellen

47

freiliegt) als Kathode aufgrund der bei der kathodischen Sauerstoffreduktion erfolgenden Bildung von Hydroxyl-Ionen zur Ausfällung von Calciumcarbonat und dadurch zu einer Abdeckung der ursprünglich vorhandenen Fehlstellen (siehe auch Abschnitt 3.8). Dies ist der Grund dafür, warum in den meisten Fällen auch ohne Erneuerung der Magnesiumanoden keine Korrosionsschäden auftreten.

Anders sieht es aus bei Behältern mit größeren Wärmeaustauscherflächen aus Kupfer oder nichtrostendem Stahl, sofern diese nicht gegen den Behälter elektrisch isoliert sind [30]. Der kathodische Schutz wirkt in diesen Fällen hauptsächlich auf die Edelmetallflächen. Vor allem die im Schatten der Edelmetallflächen

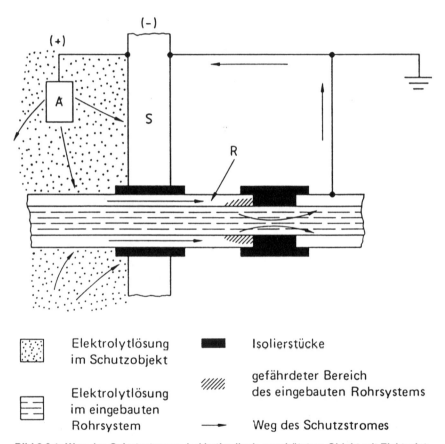

Elektrolytlösung im Schutzobjekt

Elektrolytlösung im eingebauten Rohrsystem

Isolierstücke

gefährdeter Bereich des eingebauten Rohrsystems

Weg des Schutzstromes

Bild 3.3.1: Weg des Schutzstromes bei kathodisch geschütztem Objekt mit Elektrolytführendem Rohrsystem, Lage der Isolierstücke und des gefährdeten Bereiches (nach [31])

befindlichen Fehlstellen in der Emaillierung sind dann nicht ausreichend geschützt. Nach Abzehrung der Anode kann es durch Ausbildung eines Korrosionselementes zwischen einer dann die Anode bildenden Fehlstelle und der als
Kathode wirkenden Edelmetallfläche zu beschleunigter örtlicher Korrosion an der
Fehlstelle kommen. Abhilfemaßnahme ist in jedem Fall die elektrische Trennung
der Edelmetallfläche von der Behälterwandung. Bei von Heizwasser durchströmten Wärmetauschern muß zusätzlich eine elektrische Trennung in der Vor- und
Rücklaufleitung erfolgen, damit ein Kurzschluß über die Erdung vermieden wird,
wie dies in dem aus DIN 50927 [31] entnommenen Bild 3.3.1 zu erkennen ist.

Bei kleineren Elektro-Heizeinsätzen aus Kupfer oder nichtrostendem Stahl kann
der erforderliche kathodische Schutz u.U. auch mit Hilfe von fremdstromgespeisten und geregelten Inertanoden erreicht werden. Derartige Anoden sind auch in
den beschriebenen Problemfällen mit weichen Talsperrenwässern, wo eine
ständige Wirksamkeit des kathodischen Schutzes notwendig ist, zu empfehlen.

3.4 Schäden an Wassererwärmern aus kunststoffbeschichtetem Stahl

Kunststoffbeschichtungen stellen nur bei Wärmeübertragungsflächen einen verhältnismäßig unproblematischen Korrosionsschutz dar, da bei diesen die Wandung wärmer ist als das umgebende Wasser. Bei allen Flächen, die kälter sind als
das Wasser, z.B. an den Wandungen von Wasserspeichern, liegen sehr kritische
Verhältnisse vor. Ursache für diesen zunächst nicht einzusehenden Unterschied
ist die Tatsache, daß die Kunststoffe zwar undurchlässig für Wasser, aber
durchlässig für Wasserdampf sind. An die kältere Metallwandung diffundierender
Wasserdampf kondensiert hier zu Wasser und kann Blasen zwischen dem Metall
und der Kunststoffbeschichtung bilden. Aufgeplatzte Blasen werden zu Korrosionsstellen, an denen es zur Abgabe von Korrosionsprodukten an das Wasser
und zu Wanddurchbrüchen kommen kann. Letzteres ist besonders dann zu
befürchten, wenn die Kunststoffbeschichtung als Folge von Quellvorgängen eine
elektrische Leitfähigkeit erhält und dann als Kathodenfläche in einem Korrosionselement wirken kann.

Wegen der Gefahr der Blasenbildung müssen an Kunststoffbeschichtungen für
Wandungen von Wasserspeichern sehr hohe Anforderungen gestellt werden. Die
Beschichtungen müssen außerdem absolut porenfrei sein, da kathodischer
Schutz deshalb nicht angewendet werden kann, weil dadurch aufgrund von
elektroosmotischen Vorgängen eine andere (aber ebenfalls schädliche) Art von
Blasen erzeugt wird. Eine dritte Art von Blasen bildet sich in Verbindung mit
edleren Metallflächen. Deshalb müssen metallische Einbauten auch bei kunst-

stoffbeschichteten Wandungen in gleicher Weise wie bei emaillierten Behältern elektrisch abgetrennt werden.

In den derzeit gültigen Anforderungen an die Beschaffenheit von Warmwasserbereitern mit Korrosionsschutz durch Kunststoffbeschichtung, wie sie in DIN 4753 Teil 4 [32] niedergelegt sind, ist die Frage der Beständigkeit gegen Blasenbildung im Temperaturgefälle überhaupt nicht angesprochen. Die Erfüllung der Anforderungen nach dieser Norm kann deshalb keinesfalls als ausreichender Nachweis der Eignung einer Kunststoffbeschichtung angesehen werden. Es ist jedoch davon auszugehen, daß bei einer Überarbeitung der Norm diesem Gesichtspunkt Rechnung getragen werden wird, da der Komplex der Blasenbildung und der geeigneten Prüfverfahren im Rahmen der Bearbeitung von DIN 4753 Teil 9 [33] berücksichtigt worden ist. Bei den in dieser Norm zu regelnden Beschichtungstypen wird eine absolute Fehlstellenfreiheit gefordert, da diese Kunststoffe durch Quellen eine erhebliche elektrische Leitfähigkeit erhalten und die beschichtete Fläche dann zur Kathode in einem Korrosionselement mit dem an einer Fehlstelle freiliegenden Stahl werden kann. Die Prüfung auf Fehlstellenfreiheit erfolgt zweckmäßigerweise durch Messung des elektrischen Umhüllungswiderstandes nach einem Verfahren, wie es in [34] für emaillierte Speicher beschrieben ist.

3.5 Schäden an Wassererwärmern aus nichtrostendem Stahl

Nichtrostende Stähle sind bei Einwirkung Chlorid-Ionen-haltiger Angriffsmittel stets mehr oder weniger anfällig für Lochkorrosion. Die durch die chemische Zusammensetzung bedingten Unterschiede in der Beständigkeit der verschiedenen Werkstoffe (die üblicherweise durch Werkstoffnummern wie z. 1.4301 bezeichnet werden) werden durch die sog. Lochfraßpotentiale charakterisiert. Je positiver das Lochfraßpotential ist, desto beständiger ist der jeweilige Werkstoff in dem betreffenden Angriffsmittel. Mit zunehmender Konzentration an Chlorid-Ionen und mit zunehmender Temperatur verschiebt sich das Lochfraßpotential in negativer Richtung, d.h. nimmt die Anfälligkeit für Lochkorrosion zu. Von den Legierungselementen ist vor allem das Molybdän zu nennen, das die Beständigkeit gegen Lochkorrosion beträchtlich erhöht. Zu den weniger beständigen molybdänfreien Qualitäten (früher als V2A-Stahl bezeichnet) gehören die nichtrostenden Stähle der Werkstoff-Nr. 1.4301 und 1.4541, zu den beständigeren molybdänhaltigen Qualitäten (früher als V4A-Stahl bezeichnet) die der Werkstoff-Nr. 1.4401 und 1.4571.

Lochkorrosion ist immer dann möglich, wenn das Lochfraßpotential negativer ist als das durch den Gehalt an Oxidationsmittel in der Lösung bestimmte Redoxpotential. Die Beobachtung, wonach Lochkorrosion hin und wieder auch dann auftritt, wenn dies aufgrund der Lage des Lochfraßpotentials und des Redoxpotentials nicht zu erwarten wäre, hängt damit zusammen, daß z.B. bei nicht einwandfreien Schweißnähten (z.b. als Folge von örtlicher Chromverarmung im Metall durch Bildung chromreicher Zunderschichten) kleine Bereiche mit örtlich negativerem Lochfraßpotential vorliegen können, ebenso wie in Spalten, in denen Anreicherung von Chlorid-Ionen stattfindet.

Die Ausführungen zum Korrosionsverhalten von nichtrostenden Stählen gegenüber Wasser, die in DIN 50930 Teil 4 [35] enthalten sind, entsprechen sehr weitgehend noch dem heutigen Kenntnisstand. Lediglich im Hinblick auf die Fügeverfahren durch Löten ist korrigierend anzumerken, daß zwischenzeitlich auch bei dem als geeignet angesehenen Hartlot Messerschnittkorrosion beobachtet worden ist. Speziell im Hinblick auf die Korrosionssicherheit von Wassererwärmern wird in DIN 4753 Teil7 [36] gefordert, daß der Hersteller Werkstoffwahl und Verarbeitung so vornimmt, daß innerhalb der von ihm angegebenen Einsatzgrenzen (hinsichtlich Gehalt an Chlorid-Ionen und Temperatur) keine Schäden durch Lochkorrosion auftreten.

Von den nichtrostenden Stählen wird vorzugsweise der austenitische Chrom-Nickel-Molybdän-Stahl der Werkstoffnummer 1.4571 für Wassererwärmer und Warmwasserspeicher eingesetzt. Auch bei diesem Werkstoff ist jedoch wie bei anderen nichtrostenden Stählen eine Anfälligkeit für Lochkorrosion nicht auszuschließen. Erhöhte Gefahr für Lochkorrosion besteht

- in Oberflächenbereichen in und neben nicht einwandfreien Schweißnähten

- bei Bauteilen mit Wandtemperaturen über 90 °C

- bei Bauteilen in Berührung mit wasserdampfdurchlässigen Dichtungen.

Als nicht einwandfreie Schweißnähte sind solche anzusehen, bei denen Poren in der Schweißraupe, Zunderschichten oder Schlackenreste vorliegen. Hier kann Lochkorrosion praktisch in jedem Leitungswasser auftreten. Die Gefährdung nimmt mit zunehmender Temperatur und zunehmender Chlorid-Ionen-Konzentration zu.

Bei harten Wässern ist an Flächen mit Wärmeübertragung von Stahl auf Wasser stets mit der Bildung von Kalkablagerungen zu rechnen. In Verbindung damit kann es auch zu Anreicherungen von Chlorid-Ionen und dadurch bedingt zu Lochkorrosion kommen.

Anreicherung von Chlorid-Ionen ist auch die Ursache der Lochkorrosion, die in

Bereichen von wasserdampfdurchlässigen Dichtungen als Folge der Aufkonzentrierung von Wasserinhaltsstoffen auftritt.

Wanddurchbrüche als Folge von Spannungsrißkorrosion können von der Außenseite der Behälterwandung ausgehend auftreten, wenn von außen Wasser zutritt, das sich auf der heißen Wandung durch Verdunsten des Wassers aufkonzentriert. Nach Erreichen einer kritischen Chlorid-Ionen-Konzentration kommt es zunächst zu Lochkorrosion und dann vom Lochgrund ausgehend zu Spannungsrißkorrosion.

3.6 Korrosionsschutz bei Planung, Inbetriebnahme und Wartung

Der Korrosionsschutz (d.h. die Maßnahme mit dem Ziel, **Korrosionsschäden** zu vermeiden, s. Abschnitt 2.1.) beginnt bei der Planung mit der Auswahl der für den Verwendungszweck optimal geeigneten Werkstoffe. Dies schließt mit ein die Festlegung von metallischen Überzügen oder nichtmetallischen Beschichtungen. Daneben werden aber auch schon bei der Entscheidung für bestimmte Anlagenkonzeptionen häufig die Weichen für die in der Anlage mögliche Korrosion gestellt.

Einen breiten Raum im Korrosionsschutz nehmen Maßnahmen zur Wasserbehandlung ein. Hierbei geht es entweder um die Entfernung von korrosiven Stoffen wie Sauerstoff, Kohlendioxid und Neutralsalzen oder um die Zugabe von neutralisierenden Stoffen und Korrosionshemmstoffen (Inhibitoren). Dieser Komplex ist wegen seiner Vielfalt im nächsten Abschnitt 3.7 gesondert behandelt. Speziell für Behälter bietet sich der kathodische Schutz an, der in Abschnitt 3.8 näher erläutert wird.

Von besonderer Bedeutung für die Korrosion während der Nutzungszeit einer Trinkwasserinstallation sind die Bedingungen bei der ersten Berührung der Metalloberflächen mit Wasser. In den meisten Fällen findet die erste Wasserberührung statt, wenn die Anlage einer Dichtigkeitsprüfung mit Wasser (Wasserdruckprobe) unterzogen wird. Da zu diesem Zeitpunkt vielfach noch kein Wasseranschluß vorhanden ist, erfolgt die Befüllung über Schlauchanschlüsse. Um Einspülung von Schmutzteilchen bei diesem Vorgang zu vermeiden, muß bereits das zur Druckprobe eingefüllte Wasser über einen geeigneten Schmutzfilter geleitet werden.

Zur Entfernung von Verunreinigungen, die im Verlauf der Installationsarbeiten in die Anlage gelangt sind, muß eine sorgfältige Spülung aller Rohrleitungsstränge durchgeführt werden. Näheres hierzu enthält DIN 1988 Teil 2 [37]. Eine ausreichende Spülwirkung ist nur bei Zweiphasenspülungen mit Luft-Wasser-Gemischen zu erwarten. Die Spülung sollte so früh wie möglich durchgeführt werden, also nicht erst nach Anschluß der Armaturen, sondern bereits nach Fertigstellung der Rohinstallation, möglichst bereits **vor** der Druckprobe.

Entscheidend für den weiteren Verlauf der Korrosion nach der ersten Wasserberührung sind die Bedingungen in der Zeit bis zur Inbetriebnahme.

Optimal wäre es, wenn die Rohrleitungen wieder entleert und vollständig getrocknet werden könnten, da bei Abwesenheit von Wasser keine Korrosion möglich ist. Dies bereitet in der Praxis jedoch leider große Schwierigkeiten, da langandauerndes Durchleiten von erwärmter Luft notwendig wäre.

Günstig wäre es, wenn die Rohrleitungen vollständig mit Wasser gefüllt stehen bleiben könnten. Unter diesen Bedingungen würde der im Wasser enthaltene Sauerstoff schnell durch Korrosion verbraucht werden. Ohne Zutritt von Sauerstoff aus der Luft würde danach jedoch die Korrosion praktisch zum Stillstand kommen. Diese Verfahrensweise ist nicht möglich, wenn die Zeit zwischen Fertigstellung der Rohinstallation und Inbetriebnahme in die Wintermonate fällt und der Bau zu diesem Zeitpunkt noch nicht beheizt ist. Die dann für die Leitungen bestehende Einfriergefahr würde das Belassen des Wassers in den Leitungen verbieten. Gegen die Verfahrensweise, das Wasser längere Zeit in den Rohrleitungen stehen zu lassen, könnten hygienische Gesichtspunkte sprechen, da unter diesen Bedingungen Wachstum von anaeroben Mikroorganismen (z.B. sulfatreduzierenden Bakterien) möglich wäre. Durch vereinzelte Spülungen des Leitungsnetzes, z.B. einmal pro Woche, werden die Verhältnisse aus hygienischer Sicht nicht besser, sondern eher noch schlechter, da dann auch aerobe Mikroorganismen wachsen können.

Ungünstig ist es, wenn die Leitungen nach einer ersten Befüllung wieder entleert werden und Wasserreste an Tiefpunkten von horizontal verlegten Leitungen zurück bleiben. Dies ist leider der Normalfall, der deswegen kritisch ist, weil es bei unbehinderter Sauerstoffzufuhr über die Luft im Bereich der Dreiphasengrenze Werkstoff/Wasser/Luft zu bevorzugter örtlicher Korrosion kommt. Vor allem bei der Lochkorrosion in Kupfer-Kaltwasserleitungen ist dieser Effekt häufig zu beobachten, weil sich hier die ursprüngliche Dreiphasengrenze durch einen Unterschied in der Färbung der Deckschicht zu erkennen gibt. Die Besorgnisse hinsichtlich einer hygienischen Beeinträchtigung des Wassers als Folge des Wachsens von Mikroorganismen gilt für diesen Fall in noch stärkerem Maße als bei den mit Wasser gefüllt stehenden Rohren.

Nach der Inbetriebnahme gehört der Korrosionsschutz in den Bereich der Instandhaltung durch Betriebskontrolle, Inspektion und Instandsetzung.

Im angelsächsischen Sprachbereich wird im Zusammenhang mit Korrosionsschutz vielfach von "corrosion control" gesprochen. Dies bezieht sich auf Maßnahmen, mit denen man die Korrosion unter Kontrolle halten will. Hierzu gehört zweifellos die **Betriebskontrolle**, die zweckmäßigerweise nach einem vorgegebenen Schema in regelmäßigen Abständen durchgeführt wird.

Bei Absperrarmaturen, bei denen die Gefahr der Funktionsbeeinträchtigung durch Korrosion besteht, kann der Zeitpunkt für vorbeugende Instandsetzungsarbeiten auf einfache Weise durch regelmäßige Funktionskontrolle ermittelt werden. Weitere Objekte der Betriebskontrolle im Bereich der Sanitärtechnik sind

- Geräte zur Zugabe korrosionshemmender Chemikalien, deren einwandfreie Funktion Voraussetzung für den Korrosionsschutz durch Wasserbehandlung ist

- Temperaturregler von Wassererwärmern, deren Funktion für die Verringerung der Korrosionsgefährdung von feuerverzinkten Stahlrohren wichtig ist

- Vorrichtungen zum kathodischen Schutz, bei denen die anliegende Spannung und der fließende Strom Aufschluß über eine einwandfreie Funktion liefern.

Die regelmäßig durchzuführende **Inspektion** von korrosionsgefährdeten Bereichen stellt die wichtigste und wirksamste Maßnahme zur Vermeidung von Korrosionsschäden dar. Da Korrosion stets verhältnismäßig langsam abläuft, kann man durch Inspektion Korrosionserscheinungen meist so frühzeitig erkennen, daß hinreichend Zeit für Instandsetzungsmaßnahmen bleibt, durch die dann ein Schaden vermieden werden kann. Diese Arbeiten können so terminiert werden, daß die geringstmögliche Betriebsstörung auftritt. Dies ist normalerweise nicht möglich, wenn man von Korrosionsschäden überrascht wird und sofort handeln muß.

Einen Einblick in das Korrosionsgeschehen im Innern von Rohrleitungen erhält man auf einfache Weise durch Einbau von Kontrollstücken, die in regelmäßigen Abständen beurteilt werden. Der Einbau in einer Anordnung mit Bypassleitung erlaubt den Ausbau ohne Betriebsstorungen. Derartige Kontrollstücke werden zweckmäßigerweise an verschiedenen Stellen der Rohrleitung eingebaut. Auch zur Kontrolle der Wirksamkeit von Wasserbehandlungsmaßnahmen ist dieses Verfahren gut geeignet.

Etwas aufwendiger und nicht ohne Betriebsstörungen möglich ist die Inspektion von Wassererwärmern. Hier ist es besonders wichtig, bereits bei der Planung die Notwendigkeit der Inspektion zu berücksichtigen. Behälter ohne entsprechende Öffnungen oder Aufstellorte, die das Herausziehen eines Heizregisters nur nach baulichen Veränderungen erlauben, sind Beispiele für Gedankenlosigkeit bei der Planung. Bei Wassererwärmern aus nichtrostendem Stahl sind besonders die Dichtungsbereiche zu inspizieren, damit es nicht zum Eindampfen von Tropfwasser auf der warmen Wand und als Folge davon zu Spannungsrißkorrosion kommen kann.

Durch regelmäßige Betriebskontrollen und Inspektionen kann man die Notwendigkeit vorbeugender **Instandsetzungsarbeiten** rechtzeitig erkennen und diese so planen, daß die Beeinträchtigung des Betriebs klein gehalten werden kann.

Durch Reinigen der Dichtflächen, Ausbessern der Beschichtung und gegebenenfalls Erneuerung der Dichtelemente kann die Funktion von Absperrarmaturen sichergestellt werden. Wenn aufgrund des Aussehens der Kontrollstücke erforderlich, können Rohrleitungen ausgewechselt werden, bevor es zu überraschenden Rohrdurchbrüchen kommt. In Wassererwärmern müssen gegebenenfalls Anoden erneuert, Beschichtungen repariert bzw. ganze Heizeinsätze ausgewechselt werden.

3.7 Korrosionsschutz durch Wasserbehandlung

Korrosionsschutz durch Wasserbehandlung ist in Trinkwasseranlagen immer angezeigt, wenn entweder aufgrund vorliegender Erfahrungen mit Korrosionsschäden zu rechnen ist oder wenn bereits Korrosionsschäden aufgetreten sind. Während im ersten Fall zweifellos die Auswahl geeigneter korrosionsbeständiger Werkstoffe und die Festlegung unkritischer Betriebsbedingungen die zu bevorzugenden und wirksameren Maßnahmen darstellen, bleibt im zweiten Fall meist nichts anderes übrig, als durch Veränderung der Wasserbeschaffenheit zu versuchen, die Korrosion unter Kontrolle zu bekommen.

Die häufig erhobene Forderung, daß sich der Rohrwerkstoff nach der Beschaffenheit des Trinkwassers zu richten habe [38] und die daraus abgeleitete Schlußfolgerung, wonach die Änderung der Beschaffenheit des Trinkwassers zur Verringerung seiner Korrosivität einen Irrweg darstellt, mögen zwar zunächst plausibel erscheinen. Den Bauherrn, der vom Korrosionsschaden betroffen ist, vermag eine derartige Betrachtungsweise jedoch nicht zu überzeugen, da sie für ihn eine Erneuerung seiner zu einem erheblichen Teil unter Putz verlegten Rohrleitungen bedeuten würde. Er fordert deshalb aus seiner Sicht zu Recht, daß auch beim Korrosionsschutz von Trinkwasserleitungen wirtschaftliche Aspekte mit berücksichtigt werden, d.h. daß angestrebt wird, mit geringstmöglichem Aufwand den größtmöglichen Erfolg zu erzielen. Es liegt in der Natur der Sache, daß Maßnahmen zur Veränderung der Beschaffenheit des Trinkwassers unter diesem Gesichtspunkt erheblich besser abschneiden als nachträgliche Maßnahmen an den Rohrleitungen.

Die Maßnahmen zur Veränderung der Beschaffenheit des Trinkwassers, die im Hinblick auf den Korrosionsschutz von Rohrleitungen diskutiert werden können, müssen folgende Anforderungen erfüllen: Sie müssen

- insofern unbedenklich sein, als das Wasser in seiner Eigenschaft als Lebensmittel durch sie nicht nachteilig beeinflußt wird und keine unzulässige Umweltbelastung auf der Abwasserseite auftritt

- in ihrer Wirksamkeit auf der Grundlage der bekannten Naturgesetze verständlich sein

- die Korrosion nachweislich derart beeinflussen, daß die zum Schaden führende Korrosionsart behindert wird und

- auf die vorgesehene Nutzungsdauer hochgerechnet, weniger Kosten verursachen, als die vorzeitige Erneuerung des Rohrnetzes.

Bei den Verfahren zur Behandlung von Trinkwasser, die zum Korrosionsschutz eingesetzt werden, handelt es sich einerseits um Verfahren, bei denen korrosionsfördernde Bestandteile aus dem Wasser entfernt werden, wie z.B. bei der Filterbehandlung, der Neutralisierung von Kohlensäure und beim Anionenaustausch und andererseits um Verfahren, bei denen dem Wasser inhibierende Stoffe wie z.B. Phosphate und Silikate zugesetzt werden.

Die am häufigsten praktizierte Maßnahme zum Korrosionsschutz von Rohrleitungen besteht im Einbau von **Schmutzfiltern**. Hierdurch soll das Einspülen von Verunreinigungen aus dem Versorgungsnetz verhindert werden, die sich sonst im Rohrnetz ablagern und die Bildung von Korrosionselementen begünstigen können. Obwohl Schmutzfilter zweifelsfrei Bauteile sind, die im Hinblick auf Korrosion niemals schädlich sein können, hat sich an ihnen eine heftige Diskussion bezüglich der erforderlichen Filterfeinheit entzündet. Bei feinporigen Filtern wird bereits nach kurzer Betriebszeit ein entsprechender Rückstand erkennbar, der den Eindruck eines stärker verschmutzten Trinkwassers erweckt. Dementsprechend haben sich vor allem die Vertreter der Wasserversorgungsunternehmen vehement für gröbere Filter mit einer Durchlaßweite von mindestens 80 µm ein- und bei der Formulierung der Anforderungen an Filter in DIN 19632 [39] durchgesetzt. Als Argument für die Forderung nach einer möglichst großen Durchlaßweite diente vor allem die Annahme, daß bei zu feinen Filtern mit Verkeimungserscheinungen zu rechnen sei. Von der technischen Betrachtung her spricht lediglich die schnelle Zunahme des Druckabfalls am Filter gegen geringere Durchlaßweiten. Da bei der

Untersuchung von Schadensfällen [40] in Korrosionsprodukten nur partikuläre Fremdbestandteile von über 80 µm Größe gefunden worden sind, gab es kein Argument für höhere Anforderungen an die Filterfeinheit.

Bei den gelösten korrosionsfördernden Bestandteilen eines Wassers ist vor allem an das Kohlendioxid zu denken, das die Wasserstoff-Ionen freisetzt, welche die Löslichkeit der Korrosionsprodukte vergrößern und damit vor allem bei feuerverzinktem Stahl die Geschwindigkeit der gleichmäßigen Korrosion erhöhen. Die Entfernung von Kohlendioxid aus dem Wasser wird vielfach auch als **Entsäuerung** bezeichnet. Bei Wässern, die mehr Kohlendioxid enthalten, als dem Kalk-Kohlensäure-Gleichgewicht entspricht (s. Abschnitt 2.4), kann dies durch Filtration über Kalk erfolgen, wobei sich dann das Gleichgewicht einstellt. Zum Korrosionsschutz von feuerverzinktem Stahl ist dieses Verfahren jedoch nur bei sehr weichen Wässern mit großen Mengen an gelöstem Kohlendioxid geeignet, bei denen sich dann nach einer solchen Behandlung pH-Werte über 7,5 einstellen.

Bei Wässern größerer Härte kann Kohlendioxid nur durch **Neutralisierung** mit alkalisch reagierenden Stoffen (z.B. Calciumhydroxid, Natriumhydroxid, Natriumcarbonat) entfernt werden. Dabei wird dann das Wasser jedoch bei einer angestrebten Anhebung des pH-Wertes auf Werte zwischen 7,5 und 8,0 kalkabscheidend. Wenn dies vermieden werden soll, weil man Störungen durch Steinbildung (s. Abschnitt 7) befürchtet, muß die Neutralisierung mit einer Härtestabilisierung durch Zugabe von Polyphosphaten oder einer Enthärtung mit einem Kationenaustauscher kombiniert werden. Die Anhebung des pH-Wertes durch Zugabe alkalisierender Stoffe stellt die einfachste und sicherste Methode zur Verringerung der Geschwindigkeit der gleichmäßigen Korrosion bei feuerverzinktem Stahl dar. Sie begünstigt dadurch die Ausbildung langzeitig schützender Deckschichten und **verringert** die Menge der in Stillstandszeiten an das Trinkwasser abgegebenen **Schwermetall-Ionen.** Günstige Auswirkungen zeigt die Neutralisierung der Kohlensäure auch

- bei der bei Kupfer hin und wieder in sehr weichen Kohlendioxid-haltigen Wässern nach längeren Stillstandszeiten beobachtete Blauverfärbung des Wassers

- bei der Blasenbildung im Zinküberzug von feuerverzinktem Stahl in Warmwasserleitungen

- bei der recht seltenen Spielart der Lochkorrosion von Kupfer in Warmwasserleitungen

- bei der Erosionskorrosion von Kupfer in Warmwasserleitungen

Bei der Lochkorrosion von feuerverzinktem Stahl in Warmwasserleitungen ist die Neutralisierung der Kohlensäure nur dann korrosionshemmend wirksam, wenn auf eine Enthärtung oder Härtestabilisierung verzichtet wird und ein kalkabscheidendes Wasser entsteht, das die Bildung von Kalkschichten auf dem feuerverzinkten Stahlrohr ermöglicht. Durch die Abdeckung der Oberfläche mit einem elektrischen Nichtleiter wird die Möglichkeit zur Ausbildung von Korrosionselementen genommen.

Ein erst in neuerer Zeit zur Sanierung von Korrosionsschäden durch zwei verschiedene Korrosionsarten (Zinkgeriesel, Lochkorrosion in Kupfer-Kaltwasserleitungen) praktiziertes Verfahren stellt der **Anionenaustausch** dar [25]. Mit speziellen Austauscherharzen werden die für diese Korrosionsarten kritischen Nitrat- bzw. Sulfat-Ionen gegen die für diese Korrosionsarten unkritischen Chlorid-Ionen ausgetauscht. Die Regenerierung der Anionenaustauscher erfolgt in gleicher Weise wie bei den üblichen zur Enthärtung eingesetzten Kationenaustauschern mit Natriumchlorid.

Das häufigste in Trinkwasseranlagen praktizierte Verfahren des Korrosionsschutzes ist die Zugabe inhibierender Stoffe. In der Trinkwasser-Aufbereitungsverordnung [41] sind für diesen Zweck Phosphate und Silikate in begrenzten Mengen zugelassen.

Die Wirkung der **Phosphate** beruht nach neueren Untersuchungen [15] wahrscheinlich auf der Bildung von Deckschichten aus Calciumphosphat, dessen Löslichkeitsprodukt im Bereich der Kathodenflächen offensichtlich früher unterschritten wird als das von Calciumcarbonat. Da durch die Zugabe von Phosphaten die Kathodenflächen abgedeckt werden, können diese Stoffe als kathodische Inhibitoren bezeichnet werden.

Vielfach in Kombination mit den Phosphaten werden die **Silikate** eingesetzt. Ein Teil der Wirksamkeit der Silikate ist wahrscheinlich dem Umstand zuzuschreiben, daß sie zumeist in stark alkalischer Lösung eingesetzt werden und dementsprechend stets auch eine Neutralisierung von Kohlendioxid bewirken. Im übrigen ist die Wirksamkeit der Silikate eher im Bereich der Anoden von Korrosionselementen zu erwarten, wo sich mit den hier in größerer Konzentration vorhandenen Wasserstoff-Ionen aus den löslichen Silikaten praktisch unlösliches Siliciumdioxid bildet. Die Silikate spielen deshalb auch bei der Verfestigung von Rostprodukten eine Rolle. Wegen ihrer Beeinflussung der anodischen Reaktion können sie als anodische Inhibitoren eingeordnet werden.

Die Wirkung der Phosphate und Silikate ist naturgemäß auch von der Konzentration abhängig, in der sie zum Einsatz kommen. Da diese in Verbindung mit

Trinkwasser begrenzt ist, gilt dies auch für ihre Wirksamkeit. Dies macht sich insbesondere bei den Versuchen zur Sanierung von bereits aufgetretenen Korrosionsschäden bemerkbar, wo die Wirksamkeit erfahrungsgemäß nicht immer befriedigend ist. Bei Neuinstallationen aus feuerverzinktem Stahl kann man davon ausgehen, daß die Bildung schützender Deckschichten durch die Zugabe von Phosphaten und Silikaten im Kaltwasserbereich begünstigt wird. Bei Warmwasserleitungen reicht die Wirkung nicht aus, um unter kritischen Bedingungen Lochkorrosion zu verhindern. Bei der bei Kupfer in Kaltwasserleitungen zu beobachtenden Lochkorrosion lassen die vorliegenden Erfahrungen keinen eindeutig positiven Einfluß einer Zugabe von Phosphaten und Silikaten erkennen. Bei den anodisch wirkenden Silikaten, die als gefährliche Inhibitoren (s. Abschnitt 4.8) anzusehen sind, ist unter kritischen Bedingungen sogar eine Begünstigung der Bildung von zu Lochkorrosion führenden Korrosionselementen nicht auszuschließen.

Die zur Härtestabilisierung eingesetzten **Polyphosphate** haben zunächst keine korrosionsmindernde Wirkung. Untersuchungen über die Schwermetallabgabe aus Kupferrohren [42] haben gezeigt, daß die bei unbehandeltem Wasser (wahrscheinlich wegen der Bildung von schwerer löslichem basischem Kupfercarbonat) festzustellende Abnahme der Kupfergehalte durch Polyphosphate verhindert wird. Wegen der dadurch bewirkten Begünstigung von gleichmäßiger Korrosion können sie aber im Hinblick auf Lochkorrosion (die tatsächlich zum Schaden führende Korrosionsart) korrosionsmindernd wirken. Andererseits ergibt sich aus den Untersuchungen von Schadensfällen an Kupferrohren kein Hinweis auf eine besondere korrosionsmindernde Wirkung von Polyphosphaten. In diesem Zusammenhang muß berücksichtigt werden, daß unter den Versuchsbedingungen im Wasserwerk mit zentral vorgenommener Dosierung bessere Bedingungen vorgelegen haben als in den meisten Hausinstallationen, in deren dezentral betriebenen Dosierstationen vor allem bei geringer Wasserentnahme erfahrungsgemäß häufiger keine einwandfreie Dosierung gewährleistet ist.

In Warmwasserleitungen aus feuerverzinktem Stahl können theoretisch auch Polyphosphate korrosionshemmend wirken, wenn sich als Folge der Hydrolyse des Polyphosphats zum Orthophosphat ausreichend große Konzentrationen an Orthophosphat bilden. Bei kürzeren Verweilzeiten im Rohrnetz muß jedoch davon ausgegangen werden, daß die Polyphosphate **korrosionsfördernd** wirken, weil sie die Bildung von Kalkschichten und damit die Inaktivierung von Kathodenflächen von Korrosionselementen verhindern.

Die Wirkung eines µ speziellen Korrosionsschutzverfahrens, des sog. "Guldager-Verfahrens" [43], das zum kathodischen Schutz (s. Abschnitt 3.8) von Warmwasserbehältern aus ungeschütztem oder feuerverzinktem Stahl eingesetzt wird, beruht darauf, daß sich als Folge des an der Anode in das Wasser gelangenden Aluminiumoxidhydrats künstliche Deckschichten ausbilden, die die kathodische Reaktion auf der Zinkoberfläche in starkem Maße behindern und damit die Wirksamkeit von Korrosionselementen verringern [8].

Wie der Verlauf des kathodischen Astes der Stromdichte-Potentialkurve eines nur aus Zink-Eisen-Legierungsphase bestehenden Überzuges sehr deutlich zeigt (Bild 3.7.1), ist hier die kathodische Wirksamkeit (bei einem für eine aktive Anode angenommenen Potential von U_H = - 800 mV) deutlich geringer als unter den entsprechenden Versuchsbedingungen mit unbehandeltem (Kurve 4), Ortho-phosphat-behandeltem (Kurve 11) und Polyphosphat-behandeltem (Kurve 8) Wasser [18].

Dieses Verfahren wird mit sehr gutem Erfolg zur Sanierung von Korrosionsschäden in Warmwasserleitungen aus feuerverzinktem Stahl eingesetzt. Die Wirksamkeit des Verfahrens wird weder durch erhöhte Temperaturen noch durch Kupfer-Zink-Mischinstallation beeinträchtigt. Abgesehen vom Einsatz zur Sanierung von Korrosionsschäden ist dieses Verfahren nur bei größeren Anlagen zu empfehlen, da der sich bildende Anodenschlamm regelmäßig entfernt werden muß, was einen gewissen Wartungsaufwand erfordert.

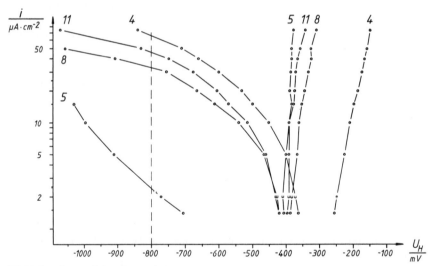

Bild 3.7.1: Stromdichte-Potential Kurven eines nur aus Zink-Eisen Legierungsphase bestehenden Zinküberzugs. Kurve 4: Unbehandeltes Dortmunder Leitungswasser Kurve 5: Wassererwärmer mit fremdstromgespeisten Aluminiumanoden. Kurve 8: Zugabe von Polyphosphat. Kurve 11: Zugabe von Orthophosphat

3.8 Kathodischer Schutz

Abgesehen von dem oben erwähnten Guldager-Verfahren wird der kathodische Schutz in Trinkwasseranlagen ausschließlich zum Schutz der Wandungen von Warmwasserbehältern angewendet. Das Prinzip dieses Schutzverfahrens beruht auf der Bildung eines Korrosionselementes, bei dem als Anode ein Metall eingebracht wird, das unedler sein muß als das zu schützende Metall (galvanische Anode, Opferanode). Im einfachsten Fall des kathodischen Schutzes von Behältern aus emailliertem Stahl werden hierfür Stäbe aus speziellen Magnesiumlegierungen verwendet. Der an Fehlstellen im Emailüberzug freiliegende Stahl wird zur Kathode in dem Korrosionselement mit dem Magnesium. Ein Nebeneffekt des kathodischen Schutzes besteht (wie schon in Abschnitt 3.3 erwähnt) darin, daß es als Folge der Bildung von Hydroxyl-Ionen im Bereich der Kathoden zur Ausfällung von Calciumcarbonat kommen kann, wodurch die ursprünglich vorhandenen Fehlstellen abgedeckt werden. Dies ist jedoch nur bei Wässern mit ausreichendem Gehalt an Calciumhydrogencarbonat möglich. Bei anderen Wässern muß die sich durch Korrosion verbrauchende Anode regelmäßig erneuert werden. Dieses Verfahren des kathodischen Korrosionsschutzes ist deshalb nicht wartungsfrei.

In dieser Beziehung ist der kathodische Schutz mit Inertanoden aus nichtangreifbarem Material (z.B. platiniertes Titan, Magnetit) vorteilhafter. Die Inertanoden müssen jedoch mit Hilfe von **Gleichstrom** als Anode geschaltet werden. Hier findet dann nach

$$2 \, H_2O + 4 \, e^- \rightarrow 4 \, H^+ + O_2 \qquad (3.8.1)$$

die Bildung von Sauerstoff statt. Insgesamt wird dadurch genau so viel Sauerstoff erzeugt, wie nach Gl.(2.2.3) bei der kathodischen Sauerstoffreduktion verbraucht wird. Eine Verringerung des Sauerstoffgehaltes, wie sie bei der Verwendung von Magnesiumanoden zwangsläufig auftritt, ist bei der Verwendung von Inertanoden somit nicht gegeben.

Abgesehen von dem Einsatz in emaillierten Wassererwärmern spielt der kathodische Schutz mit Inertanoden vorzugsweise bei größeren Behältern aus ansonsten nicht geschütztem Stahl eine Rolle. Nach DIN 4753 wird auch diese Lösung als korrosionsbeständige Ausführung eingestuft [44]. Wenn Korrosionsprobleme in einem nachgeschalteten Rohrnetz aus feuerverzinktem Stahl zu befürchten oder bereits aufgetreten sind, kann durch Einbau von dann ebenfalls mit Gleichstrom beaufschlagten Aluminiumanoden, wie bereits in Abschnitt 3.7 erwähnt, nach dem Guldager-Verfahren auch ein Korrosionsschutz der Rohrleitung erzielt werden, der jedoch nicht direkt auf den kathodischen Schutz, sondern auf die Nebenwirkung des in Lösung gehenden Aluminiumoxidhydrats zurückzuführen ist.

Kathodischer Schutz wird hauptsächlich in Verbindung mit ungeschütztem Stahl angewendet. In speziellen Fällen kann er jedoch auch zur Vermeidung von Lochkorrosion bei feuerverzinktem Stahl und bei nichtrostenden Stählen eingesetzt werden. In diesen Fällen muß lediglich das Elektrodenpotential der Metalle auf Werte eingestellt werden, die negativer sind als das unter diesen Bedingungen gegebene Lochfraßpotential. Hierfür sind vor allem bei den nichtrostenden Stählen nur sehr geringe Schutzströme erforderlich.

4 Korrosion in Warmwasserheizungsanlagen

Das Ausmaß der Korrosion im Innern von Warmwasserheizungsanlagen kann in den meisten Fällen verhältnismäßig gut abgeschätzt werden, wenn ausreichende Kenntnisse über die Menge des in die Anlage gelangenden Sauerstoffs vorliegen. Nicht vorhersehbar sind jedoch häufig die bevorzugte Korrosionsart und die durch sie verursachte Korrosionserscheinung. Bei sachgerechtem Korrosionsschutz sind Korrosionsschäden mit großer Sicherheit zu vermeiden.

4.1 Wanddurchbruch bei Eisenwerkstoffen

Als Werkstoff für Warmwasserheizungsanlagen werden überwiegend unlegierte Eisenwerkstoffe (Stahl, Gußeisen) eingesetzt. Bei Berührung mit sauerstoffhaltigem Wasser reagiert Eisen zunächst nach

$$Fe + 1/2\ O_2 + H_2O \rightarrow Fe^{2+} + 2\ OH^- \tag{4.1.1}$$

unter Bildung von Eisen(II)- und Hydroxyl-Ionen.

Wenn man davon ausgeht, daß Wasser bei Luftsättigung an der Atmosphäre einen Sauerstoffgehalt von etwa 10 g/m^3 hat, dann kann man aus Gl.(4.1.1) ableiten, daß 1 m^3 Wasser etwa 35 g Eisen umsetzen kann. Für die Verhältnisse in einem Rohr DN 25, das bei einer Länge von 1 m ein Wasservolumen von etwa 0,5 l umhüllt und eine Innenfläche von etwa 800 cm^2 hat, bedeutet dies bei gleichmäßiger Korrosion eine Wanddickenschwächung von etwa 0,00002 mm. Selbst bei den sehr viel ungünstigeren Verhältnissen in einem Speicherbehälter mit 300 l Inhalt und 600 mm Durchmesser errechnet sich nur eine Wanddickenschwächung von 0,0005 mm. Daraus ergibt sich, daß der Sauerstoffgehalt des Füllwassers bei der Abschätzung der Korrosionsgefährdung einer Warmwasserheizungsanlage außer Betracht bleiben kann.

Wenn man weiterhin unterstellt, daß unter den Bedingungen in einer Warmwasser-heizungsanlage eine Korrosion unter Wasserstoffentwicklung nach

$$Fe + 2\ H_2O \rightarrow Fe^{2+} + 2\ OH^- + H_2 \tag{4.1.2}$$

ebenfalls nur vernachlässigbar geringe Abtragungsraten bewirken kann, dann wird verständlich, daß hier normalerweise keine Korrosionsprobleme auftreten können.

An Rohrleitungen oder Heizkörpern kann es nur dann zu Wanddurchbrüchen kommen, wenn ständig Sauerstoff in den Kreislauf gelangt. Dies kann z.B. bei Anlagen mit offenem Ausdehnungsgefäß und zwei Sicherheitsleitungen geschehen, wenn die Verbindung zwischen Sicherheitsvorlauf und Sicherheitsrücklauf über das offene Ausdehnungsgefäß erfolgt.

Bild 4.1.1: Stahlrohr aus dem Sicherheitsrücklauf unmittelbar hinter einem durchströmten offenen Ausdehnungsgefäß

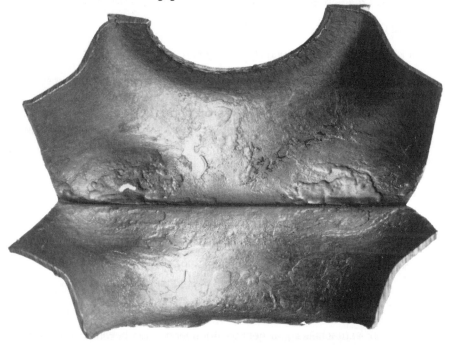

Bild 4.1.2: Untere Schale aus einem Stahlblechradiator aus einer Anlage mit einem durchströmten offenen Ausdehnungsgefäß

Bild 4.1.1 zeigt das Aussehen einer Rohrleitung aus dem Sicherheitsrücklauf unmittelbar hinter einem durchströmten Ausdehnungsgefäß nach einer Betriebszeit von 5 Jahren nach Entfernung der Korrosionsprodukte.

Bild 4.1.2 zeigt das typische Aussehen einer Durchbruchstelle in der unteren Schale eines Stahlradiators aus einer Anlage mit durchströmtem offenem Ausdehnungsgefäß nach einer Betriebszeit von 7 Jahren, ebenfalls nach Entfernung der Korrosionsprodukte. Charakteristisch für diese Korrosionserscheinungen ist der Metallabtrag auf der gesamten Oberfläche.

Ähnliche Verhältnisse können auch bei Anlagen nach DIN 4751 Teil 1 vorliegen, die für eine maximale Vorlauftemperatur von 110 °C mit einem geschlossenen Ausdehnungsgefäß abgesichert sind. Solange eine derartige Anlage mit Temperaturen über 100 °C betrieben wird, handelt es sich tatsächlich um eine geschlossene Anlage, da der im Ausdehnungsgefäß vorhandene Überdruck ein Eindringen von Luft verhindert. Völlig anders liegen die Verhältnisse jedoch bei einer Anlage, die zwar auf 110 °C ausgelegt ist, bei der aber die Kesseltemperatur gleitend in Abhängigkeit von der Außentemperatur gefahren wird. Eine derartige Anlage ist nur auf dem Papier eine geschlossenen Anlage. Bei Wassertemperaturen unter 100 °C, wie sie dann den größten Teil der Betriebszeit über vorliegen, herrscht im Ausdehnungsgefäß kein Überdruck. Der bei jeder Temperaturabsenkung im Ausdehnungsgefäß auftretende Unterdruck bewirkt das Einsaugen von Luft über das gleichzeitig als Belüftungsventil wirkende Sicherheitsventil. Eine Sauerstoffaufnahme ist somit häufiger gegeben.

In Anlagen ohne Sauerstoffaufnahme über ein offenes Ausdehnungsgefäß kann es bei den dann sehr geringen Sauerstoffgehalten unter 0,01 g/m³ nur ausnahmsweise im Zusammenhang mit Besonderheiten bei der Inbetriebnahme zu Schäden kommen. Eine Warmwasserheizungsanlage wird in der Regel nach der Fertigstellung einer Wasserdruck-Prüfung unterzogen. Anschließend wird das System häufig wieder entleert, wobei meist Wasserreste im unteren Bereich der Heizkörper und im Bereich der Spalte neben Punktschweißstellen zurückbleiben. Hier bewirkt dann Korrosion die Bildung von Rostschlamm. Der Angriff, der in der Zeit bis zur Inbetriebnahme der Anlage stattfindet, erfolgt normalerweise überwiegend flächenhaft und ist zu vernachlässigen. Die Korrosion bewirkt dann zwar eine Korrosionserscheinung, aber keinen Korrosionsschaden, weil weder der entstandene Rostschlamm noch die geringe Schwächung der Wanddicke eine Beeinträchtigung der Funktion verursachen. Unter ungünstigen Bedingungen kann es jedoch zur Ausbildung von Korrosionselementen kommen, die einen muldenförmigen oder lochartigen Angriff verursachen. Derartige Verhältnisse sind z.B. gegeben, wenn das Heizungswasser Korrosions-Inhibitoren enthält oder der

Heizkörper noch Reste von Verarbeitungshilfsmitteln mit rostschützender Wirkung aufweist.

Korrosions-Inhibitoren, deren Eigenschaften im übrigen in Abschnitt 4.8 näher beschrieben sind, haben vielfach die Eigenschaft, daß sie, wenn sie nicht in ausreichender Menge an die Metalloberfläche gelangen, nicht nur nicht mehr schützend wirken, sondern im Gegenteil sogar ausgeprägt örtliche Korrosion verursachen können.

Bild 4.1.3 (Seite 69) zeigt einen Wanddurchbruch, der in Verbindung mit einem Korrosions-Inhibitoren enthaltenden Fernheizwasser im Spaltbereich einer Punktschweißstelle entstanden ist. Wenn das zur Wasserdruckprobe verwendete Fernheizwasser wieder abgelassen wird, bleibt hier aufgrund von Kapillarkräften Wasser zurück. Begünstigt durch den ungehinderten Zutritt von Sauerstoff aus der Luft, die Aufkonzentrierung der Wasserinhaltsstoffe durch Verdunstung von Wasser und den Verbrauch der Inhibitoren stellen sich im Spaltbereich der Punktschweißstelle verhältnismäßig schnell Bedingungen ein, unter denen die Entstehung von Korrosionselementen begünstigt ist. Der geringe Restsauerstoffgehalt des Fernheizwassers, der für sich allein keinen Schaden verursachen konnte, war unter diesen Bedingungen in der Lage, das Korrosionselement bis zum Wanddurchbruch aktiv zu halten.

Bild 4.1.4 (Seite 69) zeigt eine Durchbruchstelle in dem Rohr eines Röhrenradiators, bei der die örtliche Korrosion von der Längsschweißnaht des Rohres ausgeht. Der Schadensfall stammt aus einer Anlage mit Kunststoffrohr-Fußbodenheizung, in der es aufgrund der Sauerstoffdurchlässigkeit der Kunststoffrohre zu Schäden durch Schlammbildung gekommen war (s. Abschnitt 4.3). Als Abhilfemaßnahme wurden dem Heizwasser Korrosions-Inhibitoren zugesetzt. Die Wirksamkeit des verwendeten Inhibitors ist offensichtlich im Bereich der um die Schweißnaht vorhandenen Zunderschichten nicht ausreichend gewesen und hat zu Lochkorrosion geführt (s. Abschnitt 4.8).

Bild 4.1.5 (Seite 69) zeigt einen Wanddurchbruch, der in Verbindung mit der Verwendung eines Frostschutzmittels am Boden eines Heizkörpers entstanden ist. Frostschutzmittel enthalten stets auch Korrosions-Inhibitoren. Im dargestellten Schadensfall ist die örtliche Korrosion von der Dreiphasengrenze Werkstoff/Wasser/Luft ausgegangen.

Ähnlich kritische Verhältnisse liegen bei Heizkörpern vor, die auf ihrer Oberfläche noch Reste von Verarbeitungshilfsmitteln mit korrosionsschützender Wirkung aufweisen. Der zur Vermeidung von Anrostungen bei der Lagerung an der Atmosphäre auf die Blechoberfläche aufgebrachte sog. temporäre Korrosionsschutz ist unter den Bedingungen mit Wasserresten bei ungehindertem Luftzutritt zwar zunächst noch ausreichend wirksam, um Korrosion zu unterbinden. Wenn der Korrosionsschutz jedoch an einer Stelle zusammenbricht, wird diese in gleicher Weise zur Anode in einem Korrosionselement, wie dies bei einer Stelle mit unzureichendem Inhibitorzutritt geschieht. Bild 4.1.6 zeigt das typische Aussehen

Bild 4.1.6: Wanddurchbruch im Bodenbereich eines Plattenheizkörpers als Folge von örtlicher Korrosion, ausgelöst durch Reste von Korrosionsschutzöl

einer hierdurch bedingten Korrosionsstelle im unteren Bereich eines Plattenheizkörpers. Auffällig ist der nahezu punktförmige Angriff inmitten einer im übrigen praktisch nicht angegriffenen Oberfläche. Das Bild zeigt die Oberfläche im Originalzustand, d.h. es sind keine Korrosionsprodukte entfernt worden.

Besondere Bedingungen liegen bei Warmwasser-Heizungsanlagen mit Fußbodenheizungsrohren aus nicht sauerstoffdichtem Kunststoff vor. Bei diesen Anlagen gelangt zwangsläufig ständig Sauerstoff durch die Kunststoffrohre hindurch in das Heizungswasser. Außer der in Abschnitt 4.3. näher beschriebenen Schlammbildung werden auch vereinzelt Wanddurchbrüche beobachtet. Bild 4.1.7 zeigt das Aussehen eines Rauchrohres aus einem Heizkessel, das durch örtliche Korrosion von der Wasserseite nach einer Betriebszeit von 1 1/2 Jahren undicht geworden ist. Die örtliche Korrosion ist in diesem Fall offensichtlich durch

Bild 4.1.7: Wasserseitige örtliche Korrosionserscheinungen am Rauchrohr eines Heizkessels

Luftblasen ausgelöst worden, die sich beim ersten Aufheizen des Heizkessels auf der Unterseite des Rauchrohres festgesetzt haben. Wegen der sehr ungünstigen Verhältnisse in dieser Anlage mit etwa 20.000 m Kunststoffrohr und nur etwa 15 m² Stahloberfläche wäre selbst bei gleichmäßiger Korrosion mit einem Abtrag von etwa 0,2 mm/a zu rechnen gewesen.

In anderen Fällen sind in Verbindung mit Kunststoffrohren Durchrostungen an Kesselblechen und Temperaturfühlern von Heizkesseln sowie an Wärmetauschern und Speicherbehältern von Wärmepumpenanlagen beobachtet worden.

Während bei Korrosionsschäden, die bereits in der ersten Heizperiode auftreten, einleuchtend ist, daß sie nicht durch eine besondere Korrosivität des Heizungswassers bedingt sind, sondern durch Korrosion vor der Inbetriebnahme, ist dies bei Schäden nach Betriebszeiten von mehreren Jahren nicht mehr so deutlich erkennbar. Die in den Heizungswässern festgestellten Sauerstoffgehalte von 0,005 bis 0,02 g/m³ reichen nicht aus, um stabile Korrosionselemente zu erzeugen. Sie sind aber offensichtlich in der Lage, vor der Inbetriebnahme in Gang gekommene Korrosionselemente aktiv zu erhalten. Aufgrund der heute vorliegenden Kenntnisse muß deshalb der in der VDI-Richtlinie 2035 [45] angegebene Sauerstoffgehalt von 0,1 g/m³, der für das Auftreten von Korrosionsschäden erforderlich sein soll, korrigiert werden. Dieser Wert basiert auf der Erfahrung aus der Untersuchung von Schäden in Anlagen mit durchströmten offenen Ausdehnungsgefäßen. Er ist insofern nach wie vor gültig, als ausschließlich durch die Betriebsweise bedingte Schäden wahrscheinlich bei geringeren Sauerstoffgehalten nicht auftreten. Er kann jedoch nicht in dem Sinne interpretiert werden, daß bei

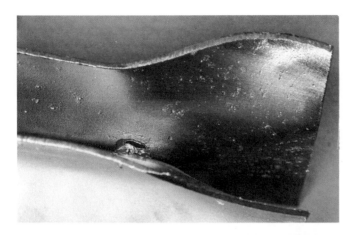

Bild 4.1.3:
Wanddurch-
bruch im
Spaltbereich
einer Punkt-
schweißstelle
durch Korrosion
bei behindertem
Inhibitorzutritt

Bild 4.1.4:
Wanddurch-
bruch Im
Bereich der
Längsschweiß-
naht eines
Röhrenradiators
durch Korrosion
bei unzu-
reichender
Inhibition

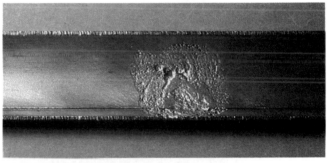

Bild 4.1.5 Wand-
durchbruch im
Bereich einer
zeitweiligen
Dreiphasen-
grenze Luft/
Wasser/Stahl in
Verbindung mit
einer Erstbefül-
lung mit Frost-
schutzmittel

**Bild 5.1.1:
Durch Reib-
korrosion an
einem Halte-
blech undicht
gewordenes
Stahlrohr**

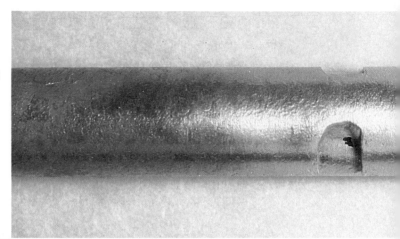

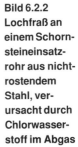

Bild 6.2.2
Lochfraß an einem Schornsteineinsatzrohr aus nichtrostendem Stahl, verursacht durch Chlorwasserstoff im Abgas

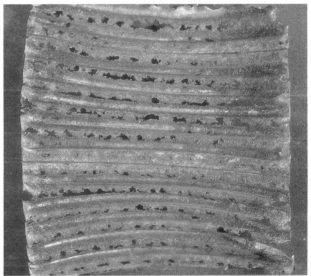

Bild 6.2.1:
Wanddurchbruch auf der Abgasseite eines Heizölkessels durch Korrosion als Folge der Unterschreitung des Schwefelsäuretaupunkts

Bild 8.1.3: Durch Ausbildung von Korrosionselementen angegriffenes Rohr mit metallisch blanken Anfressungen

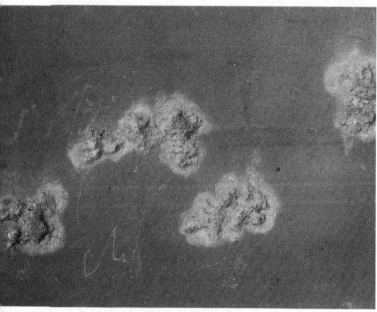

Bild 8.1.4:
Korrodiertes
Stahlrohr mit
borkenförmig
aufgewachse-
nen Korrosions-
produkten

Bild 8.3.1
Lochfraß in der
Wandung eines
Aluminiumbe-
hälters, aus-
gelöst durch
Quecksilberver-
unreinigung des
Füllgutes

geringeren Sauerstoffgehalten keine Korrosion mehr ablaufen kann. Bei Korrosionselementen, die vor der Inbetriebnahme unter den nach einer Entleerung vorliegenden Bedingungen in Gang gekommen sind, liegt der Sauerstoffgehalt, der notwendig ist, um die Elemente in Gang zu halten, wahrscheinlich 2 Zehnerpotenzen niedriger.

Bei der Diskussion des zulässigen Sauerstoffgehaltes eines Heizungswassers muß nach den Erkenntnissen aus der Untersuchung von Korrosionsschäden in Anlagen mit nicht sauerstoffdichten Kunststoffrohren (s. Abschnitt 4.3) außerdem berücksichtigt werden, daß der Sauerstoffgehalt des Heizungswassers in verschiedenen Bereichen einer Anlage sehr unterschiedlich sein kann. Ausschlaggebend für das Ausmaß der möglichen Korrosion in einer Anlage ist nicht der sich zufällig einstellende Sauerstoffgehalt, sondern die Menge des pro Zeiteinheit in die Anlage gelangenden Sauerstoffgehaltes.

4.2 Gasbildung

Funktionsstörungen in Form von störenden Fließgeräuschen und mangelnder Heizleistung an den höchstgelegenen Heizkörpern, die durch Entlüften der Anlage kurzfristig beseitigt werden können, jedoch stets erneut wieder auftreten, werden nur bei geschlossenen Warmwasser-Heizungsanlagen beobachtet. Sie sind auf die Bildung von Wasserstoff zurückzuführen, der nach

$$3 \text{ Fe}^{2+} + 6 \text{ OH}^- \rightarrow \text{Fe}_3\text{O}_4 + 2 \text{ H}_2\text{O} + \text{H}_2 \qquad (4.2.1)$$

der sog. "Schikorr"-Reaktion gebildet wird. Voraussetzung für das Ablaufen dieser Reaktion, deren Geschwindigkeit mit zunehmender Temperatur zunimmt, ist einerseits die Anwesenheit hinreichender Sauerstoffmengen, um Eisen nach Gl.(4.1.1) zur Reaktion zu bringen und andererseits die Abwesenheit zu großer Sauerstoffmengen, die nach

$$3 \text{ Fe}^{2+} + 6 \text{ OH}^- + 1/2 \text{ O}_2 \rightarrow \text{Fe}_3\text{O}_4 + 3 \text{ H}_2\text{O} \qquad (4.2.2)$$

die Bildung von Magnetit ohne Wasserstoffentwicklung begünstigen würden.

Bei der chemischen Analyse des beim Entlüften anfallenden Gases wird neben Wasserstoff stets auch Stickstoff in größeren Mengen festgestellt. Dies zeigt, daß der für die Reaktion nach Gl.(4.1.1) erforderliche Sauerstoff durch Einsaugen von Luft in die Anlage gelangt ist. Dies ist nur bei Auftreten von **Unterdruck** möglich.

Unterdruck kann in einer geschlossenen Anlage nur auftreten, wenn das Druckausdehnungsgefäß seine Funktion nicht erfüllt. Dies ist z.B. dann gegeben, wenn

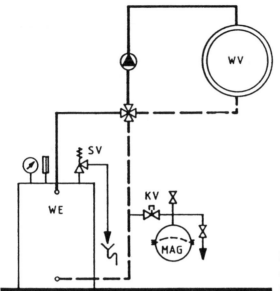

Bild 4.2.1: Schema einer Anlage mit Vierwegemischer (modifiziert nach [46])

der eigentliche Heizkreis bei Absenkung der Temperatur durch einen dichtschließenden Vierwegemischer vom Ausdehnungsgefäß getrennt wird (Bild 4.2.1). Aufgrund der beim Abkühlen des Wassers auftretenden Volumenkontraktion kommt es dann zu Unterdruck an der höchstgelegenen Stelle der Anlage und als Folge davon zum Einsaugen von Luft (z.B. über Stopfbuchspackungen oder O-Ring-Dichtungen von Armaturen).

Häufiger ist der Grund für das Auftreten von Unterdruck jedoch beim **Druckausdehnungsgefäß** zu suchen. Unterdruck tritt bei Absenkung der Temperatur stets dann auf, wenn das vom Ausdehnungsgefäß nachzuspeisende Wasservolumen kleiner ist als die durch die Temperaturabsenkung bewirkte Volumenkontraktion. Dies kann darauf zurückzuführen sein, daß

- das Ausdehnungsgefäß von Anfang an in seinem Volumen zu klein bemessen war

- der Vordruck auf der Gasseite des Druckausdehnungsgefäßes zu klein oder zu groß war

- der Vordruck durch Gasverluste abgesunken ist

- das Ausdehnungsgefäß durch Zerstörung der Gummimembran defekt geworden ist.

74

Unterdruck kann schließlich auch dadurch entstehen, daß der Betriebsdruck aufgrund von **Leckverlusten** so weit absinkt, daß sich die Gummimembran des Ausdehnungsgefäßes bereits während des Betriebes in Endstellung (Bild 4.2.2) befindet und deshalb bei Volumenkontraktion kein Wasser mehr nachgespeist werden kann. Die Menge der eingesaugten Luft entspricht maximal der durch die Abkühlung bewirkten Volumenkontraktion. Bei einer angenommenen Abkühlung des Wassers von 40 °C auf 20 °C errechnet sich für eine Anlage mit einem Gesamtwasserinhalt von 260 l eine Volumenkontraktion von 1,6 l. Das eingesaugte Luftvolumen bringt 0,4 l Sauerstoff ins Wasser, der 1,5 g Eisen unter Bildung von 2,1 g Magnetit zur Korrosion bringen kann. Diese Menge ist sicher zu vernachlässigen. Kritischer wird es erst dann, wenn die Heizungsanlage zum "Atmen" kommt. Dies ist der Fall, wenn automatisch wirkende Be- und Entlüftungsventile eingebaut sind. Die beim Abkühlen "eingeatmete" Luft gibt ihren Sauerstoff an das Wasser ab, das ihn zu den Eisenwerkstoffen transportiert, wo er sehr schnell durch Korrosion verbraucht wird. Der zurückbleibende Stickstoff kann dann beim Erwärmen über die automatischen Entlüftungsventile wieder

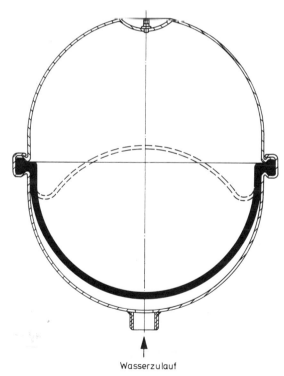

Bild 4.2.2: Membran-Aus-dehnungsgefäß

Wasserzulauf

"ausgeatmet" werden. Wenn dies bei Anlagen mit Nachtabsenkung der Temperatur täglich auftritt, sind es bei 200 Heiztagen schon 300 g Eisen, die unter Bildung von 420 g Magnetit zur Korrosion kommen.

Aus der praktischen Erfahrung mit Anlagen, in denen Gasbildung aufgetreten ist, kann in Übereinstimmung mit der oben durchgeführten Überschlagsrechnung gesagt werden, daß die bei dieser Korrosionsart umgesetzten **Eisenmengen** so gering sind, daß Durchrostungen nicht zu befürchten sind. Das Volumen des bei der Korrosion gebildeten **Wasserstoffs** würde sich in dem oben gerechneten Beispiel nach Gl.(4.1.1) und (4.2.1) zu etwa 53 l ergeben, eine Menge, die Störungen durch Gaspolster verständlich erscheinen läßt.

Der bei dieser Korrosionsart durch die entstehenden festen Korrosionsprodukte gebildete **Schlamm** führt nur ausnahmsweise zu Korrosionsschäden, da er meistens in den Tiefpunkten von Heizkörpern abgelagert wird. Störungen sind aber z.B. an Wärmemengenzählern beobachtet worden, bei denen sich die magnetischen Korrosionsprodukte auf den Magneten der Flügelräder angesammelt und diese schließlich zum Blockieren gebracht haben.

Störungen durch Gasbildung können durch regelmäßige Kontrolle des Betriebsdrucks und der Funktion des Ausdehnungsgefäßes vermieden werden. Näheres hierzu ist in Abschnitt 4.7 ausgeführt.

4.3 Schlammbildung

Zu den Korrosionsschäden durch Schlammbildung gehören neben den bereits erwähnten Funktionsstörungen an Wärmemengenzählern vor allem Zirkulationsblockierungen ganzer Heizkreise und das Festsitzen von Umwälzpumpen. Derartige Schäden werden vorzugsweise in Warmwasser-Heizungsanlagen mit Kunststoffrohren für Fußbodenheizung beobachtet. Bei dem Schlamm handelt es sich zunächst im wesentlichen um das nach Gl.(4.1.1) und (4.2.2) gebildete Eisenoxid der Formel Fe_3O_4. Wenn sich der Schlamm auf den Innenflächen von Kunststoffrohren ablagert, kann er sich nach

$$2 \, Fe_3O_4 + 3 \, H_2O + 1/2 \, O_2 \rightarrow 6 \, FeOOH \qquad (4.3.1)$$

in das als **Rost** bekannte Eisen(III)oxidhydrat umwandeln, das ansonsten im Innern von geschlossenen Anlagen nicht auftritt. Derartige Rostprodukte, wie sie in Bild 4.3.1 wiedergegeben sind, sind dadurch gekennzeichnet, daß sie auf der ursprünglich der Kunststoffrohrwandung zugewandten Seite glänzend und glatt sind, während die ursprünglich dem Heizungswasser zugewandte Seite matt erscheint.

Bild 4.3.1:
Rostprodukte aus
einer Anlage mit
Kunststoffrohr-
Fußbodenheizung

Der für die Korrosion erforderliche Zutritt von Sauerstoff zum Heizungswasser erfolgt über **Diffusion** durch die Wandungen der **Kunststoffrohre** hindurch. Bei 40 °C liegt die Sauerstoffdurchlässigkeit von (sperrschichtfreien) Rohren aus **Vernetztem Polyethylen (VPE), Polyproplen-Copolymerisat (PP-C)** und **Poly-buten (PB)** im Mittel bei 5,3 g/m³ d, d.h. es liegen hinsichtlich des Sauerstoffzu-tritts Verhältnisse vor, als ob alle 2 Tage eine Neubefüllung der Kunststoffrohre mit luftgesättigtem Wasser mit einer Sauerstoffkonzentration von etwa 10 g/m³ erfolgen würde. In einer Anlage mit 1000 m 20/2 Kunststoffrohr können auf diese Weise bei 40 °C an 200 Heiztagen pro Jahr etwa 212 g Sauerstoff in das Heizwasser gelangen und nach Gl.(4.1.1) und (4.2.2) 555 g Eisen unter Bildung von 767 g Magnetitschlamm (bzw. bei weitergehender Oxidation nach Gl.(4.3.1) 492 g Eisen unter Bildung von 785 g Rostschlamm) zur Korrosion bringen. Dies sind zweifellos Mengen, die zu Korrosionsschäden durch Schlammbildung führen können.

Der Nachweis der Sauerstoffaufnahme durch die Kunststoffrohre hindurch ist an einer Heizungsanlage relativ einfach durchzuführen, wenn ein geeignetes Sauer-stoffmeßgerät zur Verfügung steht. In dem Heizungswasser, das vom Vorlaufver-teiler in die Kunststoffrohre gelangt, ist normalerweise praktisch kein Sauerstoff nachweisbar, da er durch Korrosion an den Metallteilen des Systems verbraucht worden ist. Das Heizungswasser jedoch, das am Rücklaufverteiler aus den Kunststoffrohren zurückfließt, enthält je nach Verweilzeit in der Rohrleitung mehr oder weniger große Mengen an Sauerstoff. Bei den in Fußbodenheizungsanlagen üblichen Strömungsgeschwindigkeiten und den dadurch bedingt verhältnismäßig geringen Verweilzeiten des Wassers im Kunststoffrohr liegen die zu messenden Werte für die Sauerstoffkonzentration häufig unter der Nachweisgrenze einfacherer Meßgeräte. Wenn es nur um den qualitativen Nachweis des Effektes geht, kann man die Verweilzeit durch zeitweiliges Absperren des zu messenden Stranges verlängern und damit die Sauerstoffkonzentration im Wasser erhöhen. Andernfalls wird ein entsprechend empfindliches Meßgerät benötigt, das Messungen im ppb-Bereich (mg/m^3) ermöglicht. Der Sauerstoffdurchtritt (Massenstrom $I(O_2)$) kann dann nach

$$\frac{I(O_2)}{g\ h^{-1}} = \frac{[c(O_2)_{nach} - c(O_2)_{vor}]}{g\ l^{-1}} \quad \frac{Q_{Wasser}}{l\ h^{-1}} \tag{4.3.2}$$

aus der Differenz der Sauerstoffkonzentration vor ($c(O_2)_{vor}$) und nach ($c(O_2)_{nach}$) Durchströmen des Rohres und dem Volumenstrom des Wassers (Q_{Wasser}) ermittelt werden.

Nach dem beschriebenen Verfahren kann natürlich auch die Messung des Sauerstoffdurchtritts an Rohrmustern im Labor erfolgen, wie dies bei den in [47] mitgeteilten Werten geschehen ist. Details der Durchführung der Labormessungen sind in [48] beschrieben.

Außer dem Sauerstoffzutritt über die Kunststoffrohre findet bei Warmwasser-Heizungsanlagen mit Kunststoffrohr-Fußbodenheizung häufig noch Sauerstoffzutritt als Folge von Unterdruck in der Anlage auf. Dies ist dadurch bedingt, daß derartige Anlagen aufgrund der Wasserdampfdurchlässigkeit der Kunststoffrohre zwangsläufig Wasser verlieren. Treibende Kraft für den Wasserdampfdurchtritt von innen nach außen ist der unterschiedliche Wasserdampfdruck, der einerseits über dem erwärmten Heizungswasser und andererseits in der die Rohre umgebenden Raumluft vorliegt. Die Wasserverluste liegen in der Größenordnung von einigen Litern pro Jahr (abhängig von der Betriebstemperatur). Wenn diese Wasserverluste nicht durch Nachfüllen von Wasser kompensiert werden, kommt es bereits nach relativ kurzer Betriebszeit zu dem im vorigen Kapitel beschriebenen Zustand des Druck-Ausdehnungsgefäßes, bei dem sich die Gummimembran bereits bei Betriebstemperatur in ihrer Endstellung befindet und bei Nachtabsenkung der Temperatur und der dadurch bedingten Volumenkontraktion kein Wasser zur Aufrechterhaltung des Druckes nachgespeist werden kann.

Bei den heute für Fußbodenheizungen verwendeten Kunststoffrohren handelt es sich überwiegend um Rohre, die nach DIN 4726 [49] als sauerstoffdicht bezeichnet werden können, weil die Sauerstoffdurchlässigkeit mit Hilfe von außen aufgebrachten Sperrschichten auf Werte unter 0,1 g/m^3 d reduziert worden sind.

Zur Sanierung von Heizungsanlagen, die noch mit nicht sauerstoffdichten Rohren erstellt worden sind, kommt praktisch nur eine Systemtrennung [50] in Frage, wie sie in Bild 4.6.1 schematisch dargestellt ist (vergl. Abschnitt 4.6). Wenn diese Maßnahme nicht möglich ist, bleiben nur die in Abschnitt 4.8 beschriebenen Maßnahmen des Korrosionsschutzes durch Wasserbehandlung.

4.4 Kupfersulfidbildung

Speziell in großen Fernheizsystemen sind bei Anwesenheit von Schwefelwasserstoff vereinzelt Schäden in Form von Wanddurchbrüchen als Folge von Korrosion unter Bildung von dicken Kupfer(I)sulfid-Schichten aufgetreten. Eine der möglichen Ursachen für die Bildung von Schwefelwasserstoff ist die Anwesenheit von sulfatreduzierenden Bakterien im Heizungswasser, die bei Abwesenheit von Sauerstoff (z.b. unter Schlammablagerungen) gute Lebensbedingungen vorfinden. Die Bakterien können zum Teil auch noch bei Temperaturen um 60 °C die praktisch in jedem Trinkwasser enthaltenen Sulfat-Ionen zu Schwefelwasserstoff reduzieren.

Der direkte Nachweis dieser im übrigen völlig harmlosen Bakterien ist recht schwierig. Hinweise auf Ihre Tätigkeit erhält man durch Bestimmung des Gehaltes an Sulfat-Ionen. Wenn dieser im Heizungswasser wesentlich niedriger liegt als im Füllwasser, kann dies nur auf die Tätigkeit der sulfatreduzierenden Bakterien zurückzuführen sein, da eine Reduktion von Sulfat-Ionen auf chemischem Wege unter den in einer Fernwärme-Heizungsanlage vorliegenden Bedingungen nicht möglich ist.

Bei Anlagen, bei denen Sauerstoffbindung mit Natriumsulfit vorgenommen wird, kann sich Schwefelwasserstoff nach

$$Na_2SO_3 + 6\,H \rightarrow 2\,NaOH + H_2O + H_2S \qquad (4.4.1)$$

durch Reaktion mit Wasserstoff bilden, der bei geringen Sauerstoffgehalten aus dem nach Gl.(4.1.1) entstandenen primären Korrosionsprodukt Eisen(II)hydroxid in der sog. Schikorr-Reaktion nach Gl.(4.2.1) entstehen kann. Eine andere Möglichkeit zur Bildung von Schwefelwasserstoff wäre in der Disproportionierung von Natriumsulfit

$$4\,Na_2SO_3 + H_2O \rightarrow 4\,Na_2SO_4 + H_2S \qquad (4.4.2)$$

zu sehen.

Schwefelwasserstoff reagiert mit Kupfer(I)oxid, dem primären Korrosionsprodukt von Kupfer, nach

$$Cu_2O + H_2S \rightarrow Cu_2S + H_2O \qquad (4.4.3)$$

zu Kupfer(I)sulfid, das zwar schwerer löslich ist als das Kupfer(I)oxid, im Gegensatz zu diesem jedoch keine korrosionshemmende Deckschicht bildet. Bei erneutem Sauerstoffzutritt kommt es dann an den mit Kupfer(I)sulfid bedeckten Bereichen sofort zur Bildung von Kupfer(I)oxid.

Die Bildung von Kupfer(I)sulfidschichten muß nicht, wie in Einzelfällen geschehen, zu Wanddurchbrüchen führen. Sie kann jedoch wegen der mit der Korrosion verbundenen Volumenzunahme zu Störungen anderer Art führen. So sind z.b. umfangreiche Schäden an Präzisions-Regelventilen von Induktions-Klimageräten aufgetreten, die darauf zurückzuführen waren, daß die Ventilkegel im Ventilsitz durch etwa 20 µm dicke Kupfer(I)sulfidschichten blockiert worden sind.

4.5 Zerstörung von It-Dichtungen

Zur Abdichtung von Heizkörperstopfen werden sog. "It-Dichtungen" aus einem Gummi-Asbest-Material, vorzugsweise die Qualität It 200 nach DIN 3754, verwendet. Hin und wieder kommt es zu Schäden, die sich zunächst durch Salzkrusten im Dichtungsbereich bemerkbar machen. Im weiteren Schadensverlauf kommt es dann zu Rosterscheinungen und zum Austritt von Tropfwasser [51].

Schäden der beschriebenen Art sind praktisch ausschließlich in Anlagen beobachtet worden, die zum Schutz gegen Schäden durch Steinbildung mit enthärtetem Wasser befüllt worden sind. Der Schadensablauf ist wie folgt zu deuten. Das in Platten gepreßte It-Material hat eine Faserstruktur, die bewirkt, daß ein gestanzter Dichtungsring quer zur Dichtfläche nicht absolut dicht ist. Der Transport von Wasser durch die Dichtung hindurch erfolgt zunächst so langsam, daß das außen ankommende Wasser durch Verdunstung abgeführt wird. Als Folge des Wassertransportes durch die Dichtung kommt es hier zu einer Anreicherung der Wasserinhaltsstoffe. Das im enthärteten Wasser anstelle von Calciumhydrogencarbonal vorliegende Natriumhydrogencarbonat wandelt sich hierbei unter Abgabe von Kohlendioxid in Natriumcarbonat um, das so stark alkalisch reagiert, daß es die Gummikomponente des It-Materials durch Hydrolyse zersetzen kann. Hierdurch wird dann die Wasserdurchlässigkeit der Dichtung weiter vergrößert. Besonders gefährdet sind Anlagen, die Frostschutzmittel (Wasser-Glykol-Gemische) enthalten, da das Glykol die Oberflächenspannung des Wassers verringert und dadurch seine Kriechfähigkeit erhöht.

Bei Verwendung von nicht enthärtetem Wasser sind bisher keine Undichtigkeiten beobachtet worden. Bei dem ebenfalls anfänglich stattfindenden Wassertransport durch die Dichtung kommt es als Folge der Aufkonzentrierung der Wasserinhaltsstoffe zur Ausfällung von schwerlöslichem Calciumcarbonat und dadurch zu einer fortschreitenden vollständigen Abdichtung. Eine Erhöhung der Alkalität findet nicht statt, weshalb auch keine Zersetzung der Dichtung möglich ist.

Bei Vorliegen von enthärtetem Wasser wird die Wahrscheinlichkeit des Auftretens von Schäden entscheidend durch die Beschaffenheit des Dichtungsmaterials und durch die Montagearbeit beeinflußt. Die Häufigkeit von Schäden ist erheblich zurückgegangen, nachdem modifizierte It-Dichtungen zur Verfügung standen, die vor allem eine bessere Alkalibeständigkeit der verwendeten Gummikomponente aufweisen. Von den mechanisch-technologischen Eigenschaften ist vor allem das Setzverhalten von Bedeutung. Wenn eine Dichtung durch Anziehen eines Stopfens eine bestimmte Flächenpressung erhält, wird durch die Gummikomponente der Dichtung eine entsprechende Rückfederungskraft erzeugt. Da sich Gummi unter Druckbelastung mit der Zeit durch Kriechen verformt, kommt es zu einem Abfall der Rückfederungskraft, der im ungünstigen Fall so groß werden kann, daß die ursprünglich dichte Verbindungsstelle undicht wird. Begünstigt wird dieser Effekt durch zu geringes Anziehen des Stopfens bei der Montage, wenn z.B. eine Rohrzange verwendet wird, mit der aufgrund eines zu kleinen Hebelarmes kein ausreichendes Anzugsmoment erzeugt werden kann. Ein stärkeres Anziehen ist in jedem Fall günstig, bei zu starkem Anziehen kann es allerdings zu mechanischer Zerstörung der Dichtung kommen. Optimal wäre es, wenn der Stopfen nach etwa einem Tag mit einem Drehmomentschlüssel nachgezogen werden würde, da der größte Teil der Verformungen in dieser Zeit stattfindet. Diese im Maschinenbau übliche Verfahrensweise bereitet im Heizungsbau jedoch offensichtlich Schwierigkeiten.

4.6 Korrosionsschutz bei Planung und Inbetriebnahme

Der Korrosionsschutz beginnt üblicherweise bei der Planung mit der Vorgabe der Werkstoffe und der Konstruktionsprinzipien. Die Werkstoffwahl für Warmwasser-Heizungsanlagen bereitet keine Probleme, sofern es sich tatsächlich um geschlossene Systeme handelt. In diesen Fällen können uneingeschränkt unlegierte Eisenwerkstoffe (Stahl, Guß) zum Einsatz kommen. Der mit dem Füllwasser eingebrachte Sauerstoff kann nur in so geringem Ausmaß Korrosion verursachen (vergl. Abschnitt 4.1), daß Korrosionsschäden nicht zu befürchten sind. Der Einsatz korrosionsbeständigerer Werkstoffe ist deshalb nicht gerechtfertigt.

Anders liegen die Dinge, wenn es sich um Anlagen handelt, in die ständig

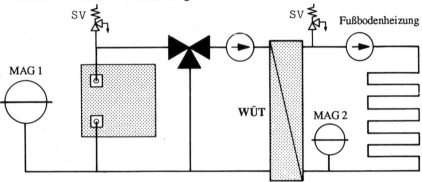

Heizkessel mit externem Wärmeübertrager

Bild 4.6.1: Systemtrennung bei Anlagen mit Kunststoffrohr-Fußbodenheizung (nach [50])

Sauerstoff gelangen kann, wie dies z.b. bei Anlagen mit nicht sauerstoffdichten Kunststoffrohren der Fall ist. Zur Vermeidung von Korrosionsschäden müssen hier korrosionsbeständigere Werkstoffe verwendet werden, z.b. nichtrostender Stahl, Kupfer, Rotguß oder Kunststoff. Als konstruktionstechnische Lösung empfiehlt sich bei Anlagen dieser Art die Trennung in zwei Kreise mit Hilfe eines Wärmeaustauschers (Bild 4.6.1) [50]. Der Einsatz korrosionsbeständigerer Werkstoffe ist dann nur in dem Kreis mit den Kunststoffrohren für den Verteiler, die Umwälzpumpe, das Ausdehnungsgefäß und den Wärmeaustauscher einschließlich der Leitungen zu und von den Verteilern erforderlich. Im geschlossenen Kreis auf der Primärseite des Wärmeaustauschers können dann für die Rohre, Pumpen, zusätzliche Heizkörper und vor allem für den Heizkessel unlegierte Eisenwerkstoffe verwendet werden.

Bei Anlagen mit nicht sauerstoffdichten Kunststoffrohren sind auch die üblicherweise für Armaturen und Verschraubungen verwendeten Kupfer-Zink-Legierungen nicht immer ausreichend korrosionsbeständig, da sie unter diesen Bedingungen verstärkt zu Entzinkung (vergl. Abschnitt 3.2, Seite 48) neigen. Für kritische Teile wie z.B. Verschraubungen für Kunststoffrohre im Estrich sollte deshalb auf die Kupfer-Zinn-Legierungen (Rotguß) ausgewichen werden.

Zur Vermeidung von Korrosionsschäden in Anlagen mit Kunststoffrohren empfiehlt sich vor allem die Verwendung von sauerstoffdichten Rohren nach DIN 4726 [49], die dadurch gekennzeichnet sind, daß sie weniger als 0,1 g/m³ d Sauerstoff durchlassen. Durch Multiplikation mit dem auf 1 m Rohrlänge bezogenen Volumen (Metervolumen)

Durchmesser/Wanddicke	Metervolumen
[mm]	[l/m]
20/2	0,201
19/2	0,177
18/2	0,154
17/2	0,133
16/2	0,113

ergibt sich z.B für ein 20/2-Rohr eine maximale längenbezogene Sauerstoffdurchlässigkeit von 0,02 mg/m d. Bei einer Anlage mit 1000 m Rohrlänge würde dies bei 200 Heiztagen pro Jahr (unter der Annahme einer Heizungswassertemperatur von 40 °C) einer Sauerstoffaufnahme von maximal 4 g entsprechen, womit etwa 10 g Eisen unter Bildung von 14,5 g Magnetit zur Korrosion gebracht werden können. Korrosion in dieser Größenordnung wird normalerweise keine Funktionsbeeinträchtigungen verursachen können. Abgesehen davon ist darauf hinzuweisen, daß die heute handelsüblich erhältlichen Rohre zum Teil Sperrwirkungen aufweisen, die noch eine Zehnerpotenz besser sind als der in der Norm geforderte Wert.

Fragen der Konstruktion beeinflussen die Korrosion vor allem bei Anlagen mit offenem Ausdehnungsgefäß, über das grundsätzlich immer Sauerstoff in das Heizungswasser gelangen kann. Die Menge des eingetragenen Sauerstoffs ist besonders groß, wenn das Gefäß vom Heizungswasser durchströmt wird. Sie ist vernachlässigbar klein, wenn das Gefäß (wie für Anlagen geringerer Leistung nach DIN 4751 Teil 2 zugelassen) über nur eine Sicherheitsleitung angeschlossen ist. Für den Anschluß mit zwei Sicherheitsleitungen wird in der VDI-Richtlinie 2035 [45] eine Schaltung nach Bild 4.6.2 empfohlen, bei der ebenfalls keine nennenswerte Zirkulation von Heizungswasser durch das Ausdehnungsgefäß stattfindet.

Bei größeren Anlagen mit Membranausdehnungsgefäßen, bei denen die Druckhaltung mit Hilfe von **Luft-Kompressoren** erfolgt, ist darauf hinzuweisen, daß auch die Gummimembran dieser Behälter derart durchlässig für Sauerstoff ist, daß es als Folge davon zu Korrosionsschäden kommen kann. In Verbindung mit kompressorgesteuerten Membranausdehnungsgefäßen müssen deshalb besondere Maßnahmen zu Korrosionsschutz getroffen werden.

Sauerstoffdurchlässig sind auch die zu Anbindung von Heizkesseln in steigendem Maße verwendeten stahlarmierten **Gummischläuche**. Bei Kenntnis der Sauerstoffdurchlässigkeit (in Abhängigkeit von der Temperatur) und der zum Einsatz kommenden Längen kann die auf diese Weise in die Anlage kommende Sauerstoffmenge abgeschätzt werden. In vielen Fällen wird sie hinreichend klein sein, so daß keine besonderen Maßnahmen zum Korrosionsschutz erforderlich sind.

Sauerstoffzutritt zum Heizungswasser erfolgt zwangsläufig in Anlagen, bei denen die Druckhaltung mit Druckdiktierpumpen vorgenommen und das Pendelwasservolumen in einem zur **Atmosphäre hin offenen Behälter** gespeichert wird. Dies ist vielfach bei älteren Fernheizanlagen der Fall, neuerdings jedoch auch in Verbindung mit spezielle Anlagen zur Entfernung von Luft aus dem Heizungswasser.

Korrosionsschäden an Stahlheizkörpern als Folge örtlicher Korrosion in Anlagen mit verhältnismäßig geringem Sauerstoffzutritt stehen häufig im Zusammenhang mit Vorgängen vor der eigentlichen Inbetriebnahme (vergl. Abschnitt 4.1). Die einfachste und wichtigste Maßnahme zur Vermeidung derartiger Schäden besteht darin, die Heizkörper nach der ersten Befüllung nicht so zu entleeren, daß sie mit Wasserresten gefüllt längere Zeit unkontrollierter Korrosion ausgesetzt sind. Wenn, durch das Baugeschehen bedingt, Heizkörper wieder demontiert und dazu entleert werden müssen, dann ist unbedingt darauf zu achten, daß sie **vollständig** entleert werden. Bei Anlagen, die zunächst zum Frostschutz mit Wasser-Glykol-Mischungen befüllt worden sind, müssen die Heizkörper darüberhinaus mehrmals mit Leitungswasser ausgespült werden.

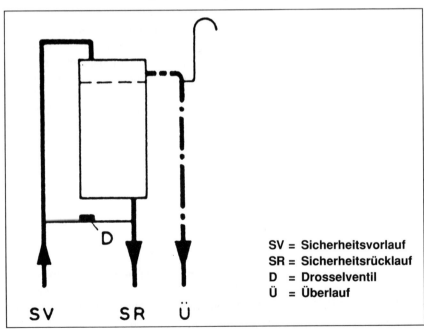

SV = Sicherheitsvorlauf
SR = Sicherheitsrücklauf
D = Drosselventil
Ü = Überlauf

Bild 4.6.2: Empfohlene Anordnung eines offenen Ausdehnungsgefäßes (nach [45])

4.7 Korrosionsschutz durch Vermeidung von Unterdruck

Unterdruck als Folge dichtschließender Vierwegemischer, wie in Abschnitt 4.2 beschrieben, kann durch Anordnung der Druckausdehnungsgefäße entsprechend Bild 4.7.1 verhindert werden [46].

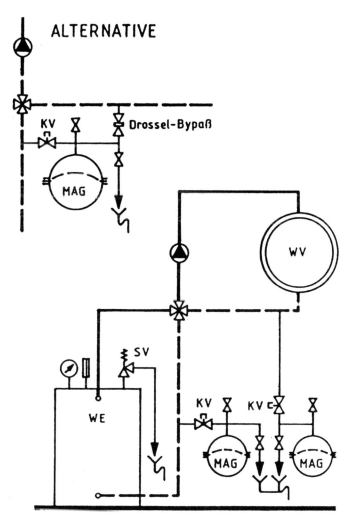

Bild 4.7.1: Schaltung zur Vermeidung von Unterdruck bei dichtschließendem Vierwegemischer (nach [46])

Wichtigste Voraussetzung dafür, daß Unterdruck nicht als Folge unzureichender Funktion des Druckausdehnungsgefäßes auftritt, ist zunächst die richtige **Bemessung der Größe des Gefäßes**. Wenn das Gefäß zu klein bemessen ist und deshalb das beim Aufheizen durch Wärmeausdehnung anfallende Wasservolumen nicht aufnehmen kann, wird beim Erreichen des Ansprechdruckes am Sicherheitsventil Heizungswasser abgelassen. Beim Abkühlen erreicht dann die Gummimembran des Ausdehnungsgefäßes vorzeitig ihre Endstellung (Bild 4.2.2), weshalb dann nicht genug Wasser vom Gefäß nachgespeist werden kann. Als Folge davon tritt im höchstgelegenen Bereich der Anlage Unterdruck mit den in Abschnitt 4.2 und 4.3 beschriebenen Auswirkungen auf.

Zur Berechnung der erforderlichen Größe des Ausdehnungsgefäßes muß zunächst der **Wasserinhalt der Anlage** V_A bekannt sein. Zur Abschätzung kann Bild 4.7.2 [46] herangezogen werden.

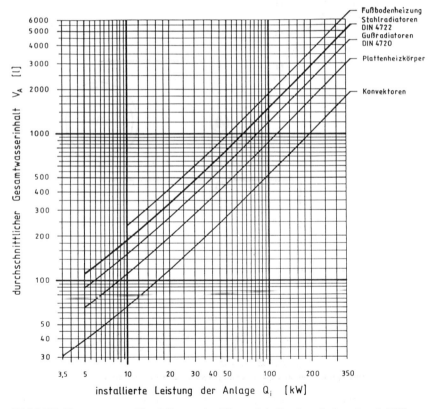

Bild 4.7.2: Diagramm zur Abschätzung des Wasserinhalts einer Anlage (nach [46])

Das durch Wärmeausdehnung entstehende Wasservolumen V_e kann dann nach

$$V_e = n \; V_A \tag{4.7.1}$$

berechnet werden, wobei n bei Kenntnis der maximalen Betriebstemperatur aus Bild 4.7.3 [46] entnommen werden kann.

Außer dem durch Wärmeausdehnung anfallenden Wasservolumen sollte das Ausdehnungsgefäß noch eine **Wasservorlage** V_V zur Deckung der zwischen zwei Wartungsterminen möglichen Wasserverluste aufnehmen können. Untersuchun-

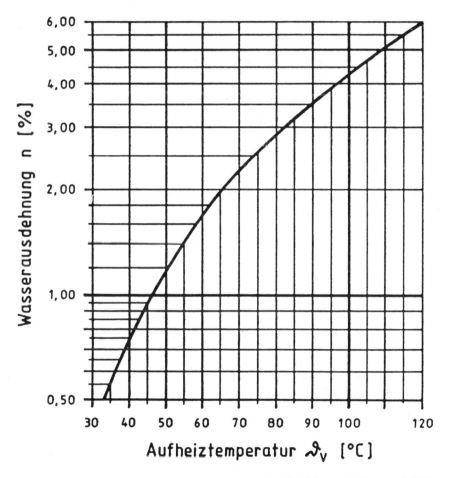

Bild 4.7.3: Wasserausdehnung in Abhängigkeit von der Betriebstemperatur (nach [46])

gen über die Größenordnung dieser zumeist durch kleine Leckagen bedingten Wasserverluste sind bisher nicht bekannt geworden. Als Erfahrungswert für die vorzusehende Wasservorlage wird derzeit mit etwa 1 % des Gesamtwasservolumens der Anlage gerechnet. Das **aufzunehmenden Wasservolumen** V_W ergibt sich dann nach

$$V_W = V_e + V_V \qquad (4.7.2)$$

Das mindestens erforderliche **Nennvolumen des Druckausdehnungsgefäßes** $V_{n(min)}$ errechnet sich nach

$$V_{n(min)} = V_W \frac{(p_e + 1)}{(p_e - p_o)} \qquad (4.7.3)$$

aus dem **aufzunehmenden Wasservolumen** V_W, dem **Enddruck** p_e und dem **Vordruck des Ausdehnungsgefäßes** p_o.

Der Enddruck ergibt sich aus dem **Ansprechdruck des Sicherheitsventils** abzüglich einer Betriebssicherheits-Druckdifferenz von 0,5 bar, mit der der Tatsache Rechnung getragen werden soll, daß die Sicherheitsventile bereits vor Erreichen des höchstzulässigen Ansprechdruckes öffnen können. Für den Vordruck des Druckausdehnungsgefäßes ist bei Anlagen mit einer maximalen Betriebstemperatur unter 100 °C der **statische Druck der Anlage** p_{st} einzusetzen. Bei Anlagen mit Temperaturen über 100 °C muß bei der Berechnung nach Gl. (9) der bei der maximal zulässigen Betriebstemperatur vorliegende Dampfdruck p_D durch Addition zum statischen Druck mit berücksichtigt werden, um zu verhindern, daß es beim Anfahren des Kessels zu Siedeerscheinungen kommen kann.

Die Werte, die sich für den druckabhängigen Term in G.(4.7.3) bei Anlagen mit 2,5 bzw. 3,0 bar Sicherheitsventilen (Enddruck 2,5 bzw. 2,0 bar) in Abhängigkeit vom Vordruck ergeben, sind in Bild 4.7.4 grafisch dargestellt. Für eine Anlage mit einer maximalen Vorlauftemperatur unter 100 °C und einer statischen Höhe von 10 m (entsprechend einem statischen Druck von 1,0 bar und einem erforderlichen Vordruck am Ausdehnungsgefäß von ebenfalls 1,0 bar) ergibt sich bei einem 2,5 bar Sicherheitsventils (Enddruck 2,0 bar) ein Wert von 3, d.h. das erforderliche Volumen des Ausdehnungsgefäßes muß 3 mal so groß sein wie das aufzunehmende Wasservolumen.

Bei der Inbetriebnahme von Anlagen mit Druckausdehnungsgefäßen ist es wichtig, zunächst den **Vordruck** des Gefäßes auf den **statischen Druck** der Anlage einzustellen. Dies kann mit Hilfe eines im Kfz-Zubehörhandel erhältlichen Reifendruckprüfers geschehen. Solange der Vordruck des Gefäßes über dem

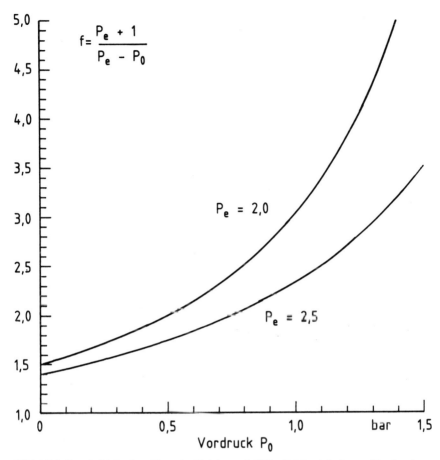

$$f = \frac{P_e + 1}{P_e - P_0}$$

$P_e = 2,0$

$P_e = 2,5$

Vordruck P_0

Bild 4.7.4: Druckabhängiger Term in Gleichung 4.7.3 in Abhängigkeit vom Vordruck des Membranausdehnungsgefäßes

statischen Druck der Anlage liegt, ist dies kein Problem. Bei zu geringem Druck muß mit einer geeigneten Armatur Stickstoff nachgefüllt werden. Hierfür ist ein Heizungsbauer normalerweise jedoch nicht ausgerüstet. Nur bei Anpassung des Vordrucks an den statischen Druck der Anlage ist sichergestellt, daß das Gefäß sein maximales Füllvolumen aufnehmen kann. Bei zu niedrigem Vordruck ist es schon bei Anstehen nur des statischen Drucks zu einem Teil mit Wasser gefüllt, das jedoch gegen den statischen Druck der Anlage nicht wieder in die Anlage eingespeist werden kann. Bei zu großem Vordruck ist die mögliche Wasseraufnahme des Gefäßes geringer, weil der Ansprechdruck des Sicherheitsventils bereits bei einem geringeren aufgenommenen Wasservolumen erreicht wird. Der

Vordruck ist ausschließlich für den möglichen Füllzustand des Gefäßes von Bedeutung. Im übrigen werden die Druckverhältnisse der Anlage ausschließlich durch die beim Befüllen eingebrachte Wassermenge bestimmt.

Die einfachste Methode, das an den statischen Druck der Anlage angepaßte Druckausdehnungsgefäß optimal zu befüllen und damit die größte Sicherheit gegen Unterdruckzustände zu erzielen, besteht darin, die Anlage nach einem ersten Befüllen und Entlüften auf maximale Betriebstemperatur aufzuheizen und anschließend bis zum Erreichen des Enddrucks aufzufüllen.

Die wichtigste Wartungsmaßnahme besteht nun darin, die Druckverhältnisse in regelmäßigen Zeitabständen zu überprüfen und gegebenenfalls Wasser nachzufüllen. Der bei den üblichen Wasserverlusten mit dem nachgefüllten Wasser in die Anlage gelangende Sauerstoff kann nach den Abschätzungen in Abschnitt 4.1 als unkritisch angesehen werden. Als Hilfsmittel für die Druckkontrolle kann ein Diagramm entsprechend Bild 4.7.5 dienen. Die untere Kurve zeigt hier den Betriebsüberdruck, der in keinem Fall unterschritten werden darf. Die obere Kurve zeigt den Betriebsüberdruck, der nicht überschritten werden sollte, damit bei der maximalen Betriebstemperatur der Ansprechdruck des Sicherheitsventils nicht überschritten wird. Die beiden Kurven können nach

$$
p_{Betr} = (p_0 + 1) \ \frac{V_n}{V_n - V_W} - 1 \tag{4.7.4}
$$

(die sich durch Umformen aus Gl.(4.7.3) ergibt) aus dem Vordruck und dem **tätsächlichen Nennvolumen des eingebauten Ausdehnungsgefäßes** V_n berechnet werden, wenn für die untere Kurve in Abhängigkeit von der Temperatur für V_W nur die sich nach Gl.(4.7.1) ergebenden Werte eingesetzt werden. Für die obere Kurve muß zunächst nach

$$
V_W = (1 - \frac{p_0 + 1}{p_e + 1}) \ V_n \tag{4.7.5}
$$

das Wasservolumen errechnet werden, das das gewählte Gefäß mit dem eingestellten Vordruck beim maximalen Betriebsdruck(Ansprechdruck des Sicherheitsventils) aufnehmen kann. Aus der Differenz zwischen diesem und dem sich nach Gl. (4.7.1) für die maximale Betriebstemperatur ergebenden Ausdehnungswasservolumen errechnet sich die im Gefäß mögliche maximale Wasservorlage, die zur Berechnung der Werte der oberen Kurve jeweils dem temperaturabhängigen Ausdehnungswasservolumen zuzuschlagen ist.

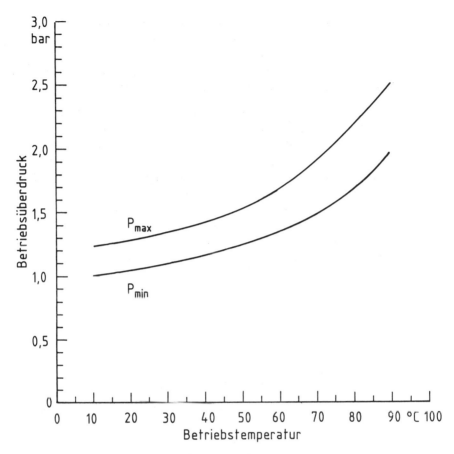

Bild 4.7.5: Betriebsüberdruck/Temperatur-Kurve.
Die Untere Kurve zeigt den minimal erforderlichen, die obere Kurve den maximal
empfehlenswerten Betriebsüberdruck.

Es wäre anzustreben, daß für jede Anlage eine solche Kurve erstellt wird, damit
der Betreiber ohne großen Aufwand kontrollieren kann, ob sich der Betriebsdruck
bei der jeweiligen Temperatur im sicheren Bereich befindet, bei dem auch bei
Absenkung der Temperatur kein Unterdruck auftreten kann.

Nicht ausreichend beachtet wird schließlich der Sachverhalt, daß der Vordruck im
Druckausdehnungsgefäß im Laufe der Betriebszeit absinkt, weil als Folge von
Diffusion ein Gastransport durch die Gummimembran hindurch in das Heizungs-
wasser stattfindet [52].

Deshalb muß der Vordruck im Gefäß im Rahmen der üblichen jährlichen Wartung kontrolliert werden. Außerdem muß dann der Vordruck durch Auffüllen mit Stickstoff erneut dem statischen Druck angeglichen werden. Wenn dies (aus Unkenntnis oder wegen Fehlens der dafür erforderlichen Vorrichtungen) nicht geschieht, kann das Gefäß irgendwann seine Funktion nicht mehr erfüllen.

Die Kontrolle des Vordrucks im Druckausdehnungsgefäß ist verhältnismäßig einfach durchzuführen, wenn die Leitung zwischen Gefäß und Anlage durch ein nach DIN 4751 zulässiges Kappenventil zum Zwecke der Überprüfung abgesperrt werden kann. Dann genügt der schon zum Anpassen des Vordrucks am neuen Gefäß erwähnte Reifendruckprüfer. Etwas aufwendiger ist das Verfahren, wenn (wie bei älteren Anlagen im Regelfall) kein Kappenventil eingebaut ist. Dann ist wie folgt zu verfahren. Zunächst wird der Betriebsdruck p_1 mit Hilfe eines Manometers bestimmt. Danach wird ein bestimmtes Wasservolumen V_{Entn} (z.B. 5 l) aus der Anlage entnommen und der sich danach einstellende Betriebsdruck p_2 abgelesen. Der zum Zeitpunkt der Überprüfung tatsächlich im Druckausdehnunggefäß vorliegende Vordruck $p^{\cdot}_{vor}$ errechnet sich nach

$$p^{\cdot}_0 = \frac{V_{Entn}}{V_n} \cdot \frac{(p_1 + 1)(p_2 + 1)}{p_1 - p_2} - 1 \qquad (4.7.6)$$

4.8 Korrosionsschutz durch Wasserbehandlung

Korrosionsschutz durch Wasserbehandlung ist nur in solchen Warmwasserheizungsanlagen erforderlich, in denen der Zutritt von Sauerstoff, der für das Ablaufen von Korrosion erforderlich ist, nicht durch konstruktionstechnische oder betriebsseitige Maßnahmen verhindert werden kann. Dies ist z.B bei Anlagen der Fall, bei denen der Sauerstoff über nicht sauerstoffdichte Kunststoffrohre in das Heizungswasser gelangt.

Bei der zentralen Rolle, die der Sauerstoff für die Korrosion spielt, ist es naheliegend, zunächst an das Verfahren der chemischen Sauerstoffbindung zu denken. In größeren Heizungsanlagen ist hierfür in großem Umfang **Hydrazin** verwendet worden, das nach

$$N_2H_4 + O_2 \rightarrow 2\,H_2O + N_2 \qquad (4.8.1)$$

mit dem Sauerstoff unter Bildung von Wasser und Stickstoff reagiert. Wegen der beim Umgang mit Hydrazin nicht auszuschließenden Gefahren für die Gesundheit ist die Verwendung dieser Chemikalie jedoch erheblich zurückgedrängt worden.

Ihre Anwendung in Kleinanlagen von Privathaushalten kann deshalb auch nicht zur Diskussion stehen. Hier kann nur an den Einsatz des schon länger verwendeten **Natriumsulfits** gedacht werden, das nach

$$Na_2SO_3 + 1/2\ O_2 \rightarrow Na_2SO_4 \qquad\qquad (4.8.2)$$

mit dem Sauerstoff unter Bildung von Natriumsulfat reagiert. Die vielfach geäußerten Bedenken wegen der bei Anwendung dieser Chemikalie auftretenden Erhöhung des Gesamtsalzgehaltes des Wassers sind zumindest solange nicht gerechtfertigt, wie sichergestellt ist, daß die Sauerstoffkonzentration im Heizungswasser hinreichend klein ist. Wenn dies nicht der Fall ist, muß in erster Linie an Störungen durch die bei Kupferwerkstoffen beobachtete Bildung von Kupfer(I)sulfid-Korrosionsprodukten gerechnet werden.

Als Sauerstoffbindemittel kann im Prinzip jedes ausreichend wirksame **Reduktionsmittel** verwendet werden. Aus dieser Stoffgruppe stammen auch die neuerdings diskutierten Hydrazin-Ersatzstoffe, deren Eigenschaften in [53] zusammengestellt sind. Neben seit Jahrzehnten angewendeten Stoffen wie den Tanninen gehören hierzu auch Stoffe wie die als Vitamin C bekanntere Ascorbinsäure.

Voraussetzung für die Wirksamkeit eines Sauerstoffbindemittels ist eine ausreichend große Geschwindigkeit der Sauerstoffreduktion v_{Red}. Diese hängt nach

$$v_{Red} = a\ c(O_2)\ c(Red)\ e^{-b/T} \qquad\qquad (4.8.3)$$

von den Konzentrationen an Sauerstoff und Reduktionsmittel sowie von der Temperatur ab.

Wenn z.B. bei den verhältnismäßig niedrigen Temperaturen in einer Warmwasser-Fußbodenheizung eine auch bei geringen Sauerstoffgehalten (z.B. in der Größenordnung von 0,01 g/m³) ausreichend große Geschwindigkeit der Sauerstoffreduktion erreicht werden soll, muß mit einem entsprechend großen **Überschuß** an Sauerstoffbindemittel gearbeitet werden. Außerdem muß entsprechend der Geschwindigkeit des Zutritts von Sauerstoff über nichtsauerstoffdichte Kunststofrohre (die aus der Rohrlänge und den Kenndaten der Sauerstoffdurchlässigkeit der Rohre auf einfache Weise abgeschätzt werden kann [47]) für einen bestimmten Betriebszeitraum die entsprechende Menge an Sauerstoffbindemittel zugegeben werden. Bei kleineren Anlagen kann die für eine Heizperiode erforderliche Menge an Sauerstoffbindemittel problemlos (vorzugsweise zu Beginn der Heizperiode) auf einmal zugegeben werden. Der notwendige Überschuß an Sauerstoffbindemittel ist dann ebenfalls sichergestellt.

Neben den in Form von Lösungen zuzugebenden Sauerstoffbindemitteln kann auch der Einsatz von **festen** Reduktionsmitteln diskutiert werden. Hier ist vor allem an die unedlen Metalle Magnesium und Zink zu denken, die mit Sauerstoff schneller reagieren als das etwas edlere Eisen. Ein Filter mit Metallspänen, im Rücklauf vor dem Wärmeerzeuger angeordnet, kann diesen und alle Bauteile in Fließrichtung vor den Kunststoffrohren vor Korrosion schützen.

Grundsätzlich wäre bei den in Frage kommenden Metallen auch an Eisen zu denken. Dieses hat jedoch den Nachteil, daß es sich als Folge der Bildung von Rostbelägen verhältnismäßig schnell inaktiviert. Diesen Nachteil kann man jedoch umgehen, wenn man das Eisen (in einer in Bezug auf das Anodenmaterial modifizierten Form des Guldager-Verfahrens) in Form einer mit Gleichstrom beaufschlagten Anode verwendet. Die Sauerstoffbindung erfolgt hierbei auf zweifache Weise, einmal durch die kathodische Sauerstoffreduktion nach Gl.(2.2.3), die dann an der Behälterwandung stattfindet, und außerdem als Folge der Reaktionen nach Gl.(4.2.2) bzw.(4.3.1) mit den Fe^{2+}-Ionen als Reduktionsmittel. Dieses Verfahren bewirkt weiterhin, daß das Wasser an Eisen(II)hydroxid gesättigt wird, wodurch optimale Bedingungen für die Bildung schützender Deckschichten auf Eisenwerkstoffen gegeben sind. Wegen der Bildung von in Schlammform anfallenden Korrosionsprodukten ist dieses Verfahren allerdings nur dann anwendbar, wenn dieser Schlamm nicht stört oder entfernt werden kann. Bei Fußbodenheizungen mit nichtsauerstoffdichten Kunststoffrohren kann dieses Verfahren nicht angewendet werden, weil sich aus der an Eisen(II)hydroxid gesättigten Lösung auf der Wandung der Kunststoffrohre mit dem hindurchtretenden Sauerstoff Eisenoxidschichten bilden, die zum Abplatzen neigen und dann zu Störungen führen können.

Im Gegensatz zum Korrosionsschutz durch Sauerstoffbindung, bei dem die Korrosion durch Entfernen des erforderlichen Oxidationsmittels **unmöglich** gemacht wird, erfolgt beim Korrosionsschutz durch Zugabe von **Inhibitoren** zum Heizungswasser lediglich eine **Behinderung** einer grundsätzlich nach wie vor möglichen Korrosion. Zum Verständnis der hierbei zu beachtenden Probleme muß auf die Ausführungen in Abschnitt 2.2 zum Korrosionselement verwiesen werden.

Je nachdem, ob ein Inhibitor überwiegend die anodische Teilreaktion (der Metallauflösung) oder die kathodische Teilreaktion (der Reduktion eines Oxidationsmittels) beeinflußt, spricht man von einem kathodischen oder anodischen Inhibitor. Als kathodischer Inhibitor ist z.B. das in nahezu allen Leitungswässern enthaltene Calciumhydrogencarbonat anzusehen, das im Bereich der durch die entstehenden Hydroxyl-Ionen alkalisch reagierenden Kathodenflächen Calciumcarbonat-Deckschichten bildet, die dann die kathodische Sauerstoffreduktion hemmen, weil sie als Nichtleiter den Durchtritt von Elektronen behindern.

Die im Handel erhältlichen Inhibitormischungen enthalten überwiegend anodische Inhibitoren, die die Korrosion durch Bildung von Deckschichten mit dem korrodierenden Metall hemmen. Diese Deckschichten behindern jedoch normalerweise nicht die kathodische Reaktion. Wenn der Schutz mit anodischen Inhibitoren nicht vollständig ist, so führt dies dazu, daß u.U. sehr kleine nichtgeschützte anodische Bereiche relativ großen kathodischen Flächen gegenüberstehen. Unter diesen Bedingungen kann es dann zu stark ausgeprägter örtlicher Korrosion kommen, die sich in Form von Lochfraß bemerkbar macht. Aufgrund dieses Effektes werden anodische Inhibitoren auch als **gefährliche** Inhibitoren bezeichnet.

Bereiche, in denen der Schutz durch anodische Inhibitoren erschwert ist, sind Stellen, an denen der Zutritt der Inhibitoren geometrisch behindert ist, z.B. in Spalten, unter zerklüfteten Schweißnähten, unter Ablagerungen und Korrosionsprodukten. Die beste Wirksamkeit ist deshalb bei metallisch blanken Oberflächen zu erwarten. Dies ist jedoch auch bei neu erstellten Anlagen praktisch nie gegeben. Bei Anlagen, die bereits längere Zeit in Betrieb gewesen sind und Korrosionsprodukte gebildet haben, müßten die Innenflächen vor der Zugabe von Inhibitoren mit Säuren metallisch blank gebeizt werde, was jedoch mit erheblichem Aufwand verbunden wäre und deshalb kaum praktiziert wird. Speziell bei Fußbodenheizungen mit nicht sauerstoffdichten Kunststoffrohren sind zur Vermeidung von Schlammbildung vielfach Inhibitoren eingesetzt worden. Während die Schlammbildung auf diese Weise unterbunden werden kann, besteht ein erhöhtes Risiko für örtliche Korrosion. Ein hierfür typischer Schaden an einem Röhrenradiator ist in Bild 4.1.4 wiedergegeben.

Inhibitoren sind in allen handelsüblichen Frostschutzmitteln enthalten. Durch Zersetzung des Glykols bilden sich mit der Zeit organische Säuren, wodurch die Mittel bei Abwesenheit von Inhibitoren sehr korrosiv werden würden. In geschlossenen Anlagen ohne ständigen Sauerstoffzutritt gibt es keine Probleme. Kritisch kann es jedoch werden, wenn Heizkörper entleert werden und mit Resten von Frostschutzmittel gefüllt stehen bleiben. Ein dadurch bedingter Korrosionsschaden ist in Bild 4.1.5 wiedergegeben.

Bei einer speziellen Gruppe organischer Inhibitoren, den sog. Polyfettaminen, ist auf einen Nebeneffekt hinzuweisen, der darin besteht, daß es durch Quellung von Gummi zu Beeinträchtigungen an Gummikompensatoren, Membranen in Ausdehnungsgefäßen und an It-Dichtungen kommen kann. Außerdem ist bei einigen Kunststofftypen mit einer Begünstigung von Spannungsrißkorrosion zu rechnen. Da sich die Inhibitoren in unterschiedlichem Ausmaß mit der Zeit verbrauchen, ist es erforderlich, die Konzentration der Wirkstoffe in regelmäßigen Abständen zu kontrollieren. Hierzu empfiehlt es sich, Proben des Heizungswassers zur Kontrolle an die jeweilige Lieferfirma einzusenden. In Anlagen mit Kunststoffrohren dürfen grundsätzlich nur vom Rohrhersteller zugelassene Inhibitoren unter Beachtung der Angaben in dem bei jeder Rohrlieferung nach DIN 4726 vorgeschriebenen Beipackzettel verwendet werden.

Bei einer vergleichenden Untersuchung über die Wirksamkeit der auf dem Markt erhältlichen Inhibitoren [54] wurde festgestellt, daß es sich bei allen überhaupt korrosionshemmend wirkenden Inhibitoren um anodische Inhibitoren handelt, die unter kritischen Bedingungen Lochkorrosion auslösen können. Bei der Beurteilung der Eignung der Inhibitoren wurde auf elektrochemische Untersuchungsmethoden zurückgegriffen, mit denen u.a. eine Aussage darüber gemacht werden kann, in welchem Ausmaß der Inhibitor auch die kathodische Teilreaktion behindert. Es ist davon auszugehen, daß dieser Gesichtspunkt bei der Weiterentwicklung von Inhibitorrezepturen in Zukunft mehr Beachtung finden wird.

5 Korrosion in Niederdruck-Dampfanlagen

Korrosionsschäden an Niederdruck-Dampfanlagen sind verhältnismäßig selten, weil das Ausmaß von Korrosion in diesen Anlagen durch sachgerechte Konstruktion, Wasseraufbereitung und Betriebsweise recht gut unter Kontrolle gehalten werden kann. Sie sind nur möglich, wenn Sauerstoffzutritt gegeben ist oder wenn bei Anlagen mit Dampfentnahme eine auf diese Betriebsweise nicht ausreichend abgestimmte Wasseraufbereitung erfolgt.

5.1 Korrosionsschäden

Wanddurchbrüche bei Dampferzeugern entstehen praktisch ausschließlich von der Seite des Kesselwassers, kaum jedoch von der Feuerraumseite oder der Primärseite von Wärmeübertragern aus. Ein Wanddurchbruch ist hier nicht nur als Schaden an der Anlage zu betrachten, sondern vor allem unter dem Gesichtspunkt möglicher Gefahren für Leib und Leben des Bedienungspersonals. Hieraus ergibt sich die Rechtfertigung von gesetzlichen Vorschriften, wie der Dampfkesselverordnung und Regelwerken wie den Technischen Regeln Dampf (TRD).

Notwendige Voraussetzung für das Ablaufen von Korrosion, die zum Wanddurchbruch führen kann, ist die Anwesenheit von Sauerstoff im Kesselwasser. Sauerstoff im Kesselwasser muß jedoch nicht zwangsläufig zu Korrosionsschäden führen. Bei unlegiertem Stahl kann sich in salzfreiem Wasser mit einer elektrischen Leitfähigkeit unter 0,2 µS/cm eine aus Eisenoxiden bestehende Schutzschicht ausbilden. In salzhaltigem Wasser ist dies nicht möglich, weil insbesondere die im Wasser enthaltenen Chlorid-Ionen befähigt sind, die Oxidschicht zu durchdringen und örtliche Korrosion auszulösen. Durch Erhöhung der Konzentration an Hydroxyl-Ionen (Anhebung des pH-Wertes durch Zugabe alkalisierender Stoffe) kann die Bildung der Oxidschicht in einem solchen Maße begünstigt werden, daß geringere Salzgehalte unschädlich sind. Dies ist der Grund für die Forderung eines Mindest-pH-Wertes bzw. einer Mindest-Alkalität in den einschlägigen Richtlinien [55].

Im Innern eines Dampferzeugers unterliegt die Zusammensetzung des Kesselwassers wegen des Zurückbleibens der Wasserinhaltsstoffe beim Verdampfungsvorgang laufenden Änderungen. Ob Korrosion möglich ist oder nicht, hängt von den jeweiligen Konzentrationen an Alkalien, Salzen und Sauerstoff ab. Schäden werden praktisch ausschließlich im Bereich der Dreiphasengrenze

Metall/Wasser/ Dampfraum beobachtet. Dies deutet darauf hin, daß die Schäden nicht durch die Bedingungen beim Betrieb des Dampferzeugers, sondern auf die Bedingungen in Stillstandszeiten zurückzuführen sind, in denen beim Abkühlen des Kesselwassers auf Temperaturen unter 100 °C Unterdruck entsteht, der zum Eindringen von Luft in den Dampfraum führt. In solchen Fällen spricht man von Stillstandskorrosion.

Bei Wärmeübertragern mit Heizbündeln aus Kupferrohr sind vereinzelt auftretende Schäden auf eine Wechselwirkung von mechanischer und korrosiver Belastung zurückzuführen. Wenn, durch die Konstruktion oder Betriebsweise bedingt, von Dampf mitgerissene Wassertröpfchen auf die Kupferoberfläche prallen, verursachen sie hier eine örtliche Zerstörung der schützenden Oxidschicht. An diesen Stellen kann es dann zu einem verstärkten Korrosionsabtrag kommen, wenn das Speisewasser sauerstoffhaltig ist. Ähnlich kritische Verhältnisse liegen in Bereichen vor, in denen Heizrohre durch Haltebleche durchgeführt sind. Hier kann es beim Auf- und Abheizen als Folge der thermischen Längenänderung des Rohres zu einer mechanischen Belastung der Metalloberfläche durch Reiben an dem feststehenden Halteblech kommen, was ebenfalls zu einer Zerstörung der Oxidschicht mit anschließend verstärkter Korrosion führen kann. Schäden dieser Art können sowohl bei Stahl als auch bei Kupferrohren auftreten. Bild 5.1.1 (siehe Seite 70) zeigt ein undicht gewordenes Stahlrohr.

Bei Wärmeübertragern aus nichtrostenden Stählen (austenitische Chrom-Nickel- oder Chrom-Nickel-Molybdän-Stähle) werden hin und wieder Schäden durch Spannungsrißkorrosion beobachtet. Ursache für diese Korrosionsart ist stets das Vorliegen konstruktions-, fertigungs- oder betriebsbedingter Zugspannungen im Werkstoff und die Anwesenheit erhöhter Gehalte an Chlorid-Ionen im Wasser. Während die Zugspannungen praktisch nicht vermieden werden können, ist die Anwesenheit erhöhter Chlorid-Ionen-Gehalte zumeist auf Fehler bei der Betriebsweise zurückzuführen. Häufigere Fehler sind die unzureichende Funktionskontrolle der Entsalzungsanlage oder die unzureichende Absalzung des Kesselwassers. Besonders gefährdet sind die Wärmeübertragungsflächen, die sich im Bereich einer Dreiphasengrenze Werkstoff/Wasser/Dampfraum befinden, da es hier beim Betrieb zwangsläufig zur Aufkonzentrierung der Wasserinhaltsstoffe kommt. Unter diesen Bedingungen ist dann auch der im Speisewasser für Dampferzeuger aus nichtrostendem Stahl zumeist nicht entfernte Sauerstoff zu berücksichtigen. In erster Näherung kann man davon ausgehen, daß die Korrosionswahrscheinlichkeit mit dem Produkt aus Chlorid-Ionen- und Sauerstoffkonzentration des Wassers zunimmt.

Die häufigsten Schäden an Kondensatleitungen aus unlegiertem Stahl treten dort auf, wo das erste Kondensat anfällt. Ursache für den im Bereich einer Kondensat-rinne zumeist gleichförmig erfolgenden Abtrag ist ein erhöhter Gehalt des Kondensats an Kohlendioxid. Derartige Korrosionsschäden werden praktisch ausschließlich in Anlagen mit Dampfentnahme beobachtet, in denen wegen der Dampfentnahme größere Mengen an Zusatzspeisewasser erforderlich sind. Üblicherweise wird das Zusatzspeisewasser von Niederdruck-Dampfanlagen nur enthärtet und entgast. Es enthält somit Natriumhydrogencarbonat, das beim Erhitzen Kohlendioxid abspaltet, welches mit dem Dampf ausgetrieben in das Kondensat gelangt. Auch bei dieser Korrosionsart spielt der Sauerstoff eine wesentliche Rolle. Das Ausmaß der Korrosion ist in belüfteten Kondensatleitun-gen erheblich größer als in geschlossenen Anlagen, bei denen auch die Konden-satleitungen unter einem geringen Überdruck stehen.

5.2 Korrosionsschutz

Vorrangiges Ziel des Korrosionsschutzes in Niederdruck-Dampfanlagen ist es, ein geschlossenes System zu schaffen, in das kein Luftsauerstoff eindringen kann. Zum Schutz der Kondensatleitungen muß die Bildung von Kohlendioxid-haltigem Kondensat verhindert werden.

Am wenigsten Probleme bereiten geschlossene Anlagen mit vollständiger Kon-densatrückführung. Als Speisewasser kann sauerstoffhaltiges Wasser verwen-det werden, das zur Vermeidung von Steinbildung lediglich enthärtet sein muß. Der mit dem Füllwasser eingebrachte Sauerstoff und das beim Erhitzen freiwer-dende Kohlendioxid reichen nicht aus, um Korrosionsschäden zu verursachen.

Bei nicht geschlossenen Anlagen (mit vollständiger Kondensatrückführung), in denen das Kondensat in den Kondensatleitungen oder in einem offenen Konden-satsammelbehälter belüftet wird, kann auf eine Entfernung des Sauerstoffs aus dem Speisewasser nicht verzichtet werden.

Anlagen, bei denen Dampf entnommen wird, z.B. für Luftbefeuchtung in Klimaan-lagen oder für Sterilisationszwecke in Krankenhäusern, sind zwangsläufig Anla-gen mit unvollständiger Kondensatrückführung. Korrosionsprobleme an Heizkes-seln oder Wärmeübertragern aus unlegiertem Stahl gibt es auch hier nicht, wenn die Anlage mit sauerstofffreiem Wasser betrieben und ständig unter Überdruck gehalten wird.

Für einen störungsfreien Betrieb der Kondensatleitungen müßte bei den Anlagen mit unvollständiger Kondensatrückführung als Speisewasser entcarbonisiertes und sauerstofffreies Wasser verwendet werden. In der Regel wird jedoch auch in solchen Anlagen lediglich enthärtetes Wasser eingesetzt, bei dem dann beim Erhitzen aus dem Natriumhydrogencarbonat Kohlendioxid freigesetzt wird, das Korrosion in den Kondensatleitungen bewirkt. Der bei dieser Betriebsweise im Prinzip mögliche Korrosionsschutz der Kondensatleitungen mit dampfflüchtigen Alkalisierungsmitteln wie z.b. Hydrazin oder Ammoniak wird vor allem bei der Entnahme von Dampf zur Luftbefeuchtung vielfach als problematisch angesehen. Eine Tolerierung der Korrosion in den Kondensatleitungen kann durchaus wirtschaftlich vertretbar sein, wenn die Kondensatleitungen gut zugänglich sind und die gefährdeten Bereiche im Schadensfall (oder besser vorbeugend in regelmäßigen Abständen) ohne großen Aufwand erneuert werden können. Vor allem bei kleineren Anlagen können die Kosten bei planmäßig vorbeugender Erneuerung geringer sein als die sonst laufend anfallenden Kosten für die Entcarbonisierung des Zusatzspeisewassers und die Entfernung von Sauerstoff aus dem Speisewasser. Bei größeren Anlagen mit verzweigten und schwer zugänglichen Kondensatleitungen können sich die Verhältnisse jedoch schnell umkehren, so daß sich dann die Kosten für eine aufwendigere Wasseraufbereitung u.U. schon nach kurzer Zeit bezahlt machen.

Eine andere Möglichkeit des Korrosionsschutzes besteht darin, die gefährdeten Kondensatleitungen in Kupfer oder nichtrostendem Stahl auszuführen. Bei nichtrostendem Stahl ist lediglich darauf zu achten, daß die Kondensatleitungen gegen Zutritt von Wasser zur heißen Außenwandung geschützt ist, da es hier sonst als Folge der Aufkonzentrierung der Wasserinhaltsstoffe durch Verdunstung schnell zu Schäden durch Spannungsrißkorrosion kommen kann.

Wesentlich vorteilhafter als Anlagen mit unvollständiger Kondensatrückführung erscheinen Anlagen ohne Kondensatrückführung, wie sie z.B. zur Erzeugung von Dampf für Sterilisationszwecke oder Luftbefeuchtung einzusetzen wären. Der schwerwiegendste Nachteil der Anlagen mit unvollständiger Kondensatrückführung, die Korrosionsgefährdung der Kondensatleitungen, entfällt hier. Als Speisewasser für den Dampferzeuger ist enthärtetes und sauerstofffreies Wasser erforderlich. Bei größeren Anlagen, die ohnehin aus mehreren Dampfkesseln bestehen, würde es sich anbieten, einen der Kessel von dem übrigen Dampfnetz abzutrennen und separate Leitungen zu den Dampfverbrauchsstellen zu führen.

Besondere Probleme treten auf, wenn man meint, die Forderung nach einer besonderen Reinheit des Dampfes für Sterilisationszwecke nur bei Verwendung von Dampferzeugern aus nichtrostendem Stahl erfüllen zu können, wofür im übrigen kein plausibler Grund zu erkennen ist, da die bei unlegiertem Stahl entstehenden Korrosionsprodukte nicht dampfflüchtig sind. In Verbindung mit nichtrostendem Stahl muß vollentsalztes Wasser mit einer Leitfähigkeit von unter

20 µS/cm verwendet werden. Die zulässige Eindickung des Kesselwassers ist dadurch begrenzt, daß die elektrische Leitfähigkeit des Kesselwassers den Wert von 200 µS/cm nicht überschreiten soll. Das verhältnismäßig große Risiko von Schäden durch Spannungsrißkorrosion an der Dreiphasengrenze Werkstoff/Wasser/Dampfraum und die hohen Kosten für die Wasseraufbereitung lassen die Verwendung von nichtrostenden Stählen für Dampferzeuger nicht als empfehlenswert erscheinen.

Auch bei Verwendung von im Durchlaufverfahren arbeitenden Schnelldampferzeugern muß im Hinblick auf die für Sterilisationszwecke geforderte Dampfreinheit in jedem Fall vollentsalztes Wasser eingesetzt werden.

5.3 Anforderungen an die Beschaffenheit des Speisewassers

Nicht aufbereitetes Leitungswasser ist als Speisewasser für Dampferzeuger nicht geeignet. Wegen der Wasserhärte, die zur Steinbildung an den Wärmeübertragungsflächen führen würde, muß zumindest enthärtetes Wasser verwendet werden.

Enthärtetes Wasser wird mit Hilfe von Ionenaustauschern hergestellt, in denen die Calcium- und Magnesium-Ionen des Wassers gegen Natrium-Ionen ausgetauscht werden:

$$HCO_3^-\ \text{Austauscher-Na}\qquad\text{Austauscher}\quad Na^+ + HCO_3^-$$
$$\qquad\qquad\qquad\qquad\qquad\qquad\qquad |$$
$$Ca^{2+}\ +\qquad\qquad\rightarrow\qquad Ca\ +\qquad\qquad\qquad (5.3.1)$$
$$\qquad\qquad\qquad\qquad\qquad\qquad\qquad |$$
$$HCO_3^-\ \text{Austauscher-Na}\qquad\text{Austauscher}\quad Na^+ + HCO_3^-$$

Je nach Austauscherkapazität müssen die Ionenaustauscher mehr oder weniger häufig regeneriert werden, was mit Natriumchlorid (Kochsalz) erfolgt:

$$\text{Austauscher}\quad Na^+ + Cl^-\qquad\text{Austauscher-Na}$$
$$\qquad |$$
$$Ca\ +\qquad\qquad\rightarrow\quad Ca^{2+} + 2\,Cl^-\qquad (5.3.2)$$
$$\qquad |$$
$$\text{Austauscher}\quad Na^+ + Cl^-\qquad\text{Austauscher-Na}$$

Wenn, wie z.B. bei Anlagen mit unvollständiger Kondensatrückführung, mit Schäden an Kondensatleitungen durch das als Folge der Zersetzung von Hydrogencarbonat-Ionen

$$2\,HCO_3^- \rightarrow CO_2 + H_2O + CO_3^{2-} \tag{5.3.3}$$

gebildete Kohlendioxid zu rechnen ist, muß das Wasser einer Entcarbonisierung unterzogen werden. Auch dies geschieht überwiegend mit Hilfe von Ionenaustauschern, in denen entsprechend der Hydrogencarbonat-Ionen-Konzentration im Wasser Calcium-, Magnesium- und Natrium-Ionen gegen Wasserstoff-Ionen ausgetauscht werden:

$$
\begin{array}{ccc}
HCO_3^-\ \text{Austauscher-H} & \text{Austauscher} & H^+ + HCO_3^- \\
 & | & \\
Ca^{2+}\quad + & \rightarrow \qquad\qquad Ca\ + & \tag{5.3.4}\\
 & | & \\
HCO_3^-\ \text{Austauscher-H} & \text{Austauscher} & H^+ + HCO_3^-
\end{array}
$$

Das nach

$$2\,H^+ + 2\,HCO_3^- \rightarrow CO_2 + H_2O \tag{5.3.5}$$

entstehende Kohlendioxid muß entweder durch Verrieseln oder in einem thermischen Entgaser entfernt werden. Die Regenerierung des Ionenaustauschers erfolgt vorzugsweise mit verdünnter Salzsäure. Alle wasserberührten Teile der Ionenaustauscheranlage müssen deshalb aus korrosionsbeständigen Werkstoffen bestehen.

Wenn z.B. bei Dampferzeugern aus nichtrostendem Stahl mit Korrosion durch Chlorid-Ionen zu rechnen ist, muß das Wasser einer Vollentsalzung unterzogen werden. Hierzu werden zwei Ionenaustauscherstoffe benötigt, ein Kationenaustauscher, in dem die Metall-Ionen (Kationen) gegen Wasserstoff-Ionen ausgetauscht werden

$$Me^+ + \text{Austauscher-H} \rightarrow \text{Austauscher-Me} + H^+ \tag{5.3.6}$$

und ein Anionenaustauscher, in dem negativ geladene Ionen wie z.B. die Chlorid Ionen (Anionen) gegen Hydroxyl-Ionen ausgetauscht werden

$$Cl^- + \text{Austauscher-OH} \rightarrow \text{Austauscher-Cl} + OH^- \tag{5.3.7}$$

Aus den Wasserstoff- und Hydroxyl-Ionen bildet sich nach

$$H^+ + OH^- \rightarrow H_2O \tag{5.3.8}$$

Wasser. Der Kationenaustauscher muß mit Säure, der Anionenaustauscher mit Lauge regeneriert werden.

In allen nicht geschlossenen Anlagen muß mit Korrosion durch den im Speisewasser enthaltenen Sauerstoff gerechnet werden. Dementsprechend muß in diesen Fällen eine Sauerstoffentfernung vorgenommen werden. Dies geschieht vorzugsweise mit Hilfe der thermischen Entgasung, einem Verfahren, das sich die mit zunehmender Temperatur abnehmende Löslichkeit von Gasen in Flüssigkeiten zu Nutze macht. Die Entfernung von Sauerstoff kann grundsätzlich auch durch Sauerstoffbindung erfolgen. Von den bisher üblichen Sauerstoffbindemitteln Hydrazin und Natriumsulfit wird das Hydrazin wegen der neuerlich diskutierten Gefährlichkeit nur in Anlagen ohne Wärmeübertragung auf Trinkwasser empfohlen werden können, und auch nur dann, wenn geschultes Wartungspersonal zur Verfügung steht. Bei der Verwendung von Natriumsulfit muß wegen der mit der Bildung von Natriumsulfat verbundenen Eindickung des Kesselwassers eine sonst nicht in diesem Maße erforderliche Absalzung in Kauf genommen werden. Ähnliches gilt auch für die Sauerstoffbindung mit den schon länger bekannten Tanninprodukten, bei denen jedoch eine gewisse Korrosionsschutzwirkung als Folge der Bildung von Eisentannatschichten als vorteilhaft anzusehen ist. Zu den als Hydrazinersatzstoffen diskutierten organischen Reduktionsmitteln (Ascorbinsäure, Reduktone, Ketoxime) [50] kann derzeit wegen des Fehlens ausreichender Betriebserfahrungen noch nichts Näheres ausgeführt werden.

Als aussichtsreich muß in diesem Zusammenhang auch das Verfahren der elektrochemisch-chemischen Sauerstoffbindung angesehen werden. Grundlage des Verfahrens ist es, einerseits die beim kathodischen Schutz sonst als Nebenreaktion ablaufende kathodische Sauerstoffreduktion für die Entfernung des Sauerstoffs nutzbar zu machen und andererseits die bei Verwendung galvanischer Anoden aus Eisen entstehenden Eisen(II)-Ionen, die in alkalischer Lösung sehr schnell mit Sauerstoff reagieren, als Sauerstoffbindemittel zu nutzen. Vorteilhaft ist bei diesem Verfahren, daß sich das Speisewasser hierbei an Eisen(II)hydroxid sättigt und eine zusätzliche Alkalisierung nicht erforderlich ist. Nachteilig erscheint zunächst die Bildung von Eisen(III)oxidhydrat (FeOOH), das jedoch, sofern ein Anbacken an den Wärmeübertragungsflächen verhindert werden kann, auf einfache Weise beim Abschlämmen entfernt wird.

Wie aus den vorangehenden Ausführungen erkennbar geworden ist, werden die Anforderungen an die Beschaffenheit des Kesselspeisewassers im wesentlichen durch die Gesamtkonzeption der Anlage bestimmt. Die im folgenden nochmals zusammengefaßten Empfehlungen gelten selbstverständlich nur für solche Anlagen, bei denen nicht wie z.B. im Geltungsbereich der Dampfkesselverordnung u.U. weitergehende Anforderungen nach dem TRD-Regelwerk gestellt werden.

Anforderungsstufe 1

Die geringsten Anforderungen sind bei Anlagen zu stellen, die mit vollständiger Kondensatrückführung (>95%) und einem geschlossenen Kondensatsystem betrieben werden. In Anlagen dieser Art, in denen sowohl die Dampferzeuger als auch die Kondensatleitungen aus unlegiertem Stahl bestehen können, reicht die Verwendung von lediglich enthärtetem Wasser aus.

Anforderungsstufe 2

Etwas höhere Anforderungen sind bei Anlagen zu stellen, bei denen zwar ebenfalls vollständige Kondensatrückführung vorliegt, die aber mit einem offenen Kondensatsystem betrieben werden. Wegen der hier zwangsläufig erfolgenden Belüftung des Kondensats müssen Maßnahmen zur Sauerstoffentfernung aus dem Speisewasser getroffen werden. Im übrigen reicht auch hier die Verwendung von enthärtetem Wasser aus.

Die gleichen Anforderungen gelten für
- Anlagen mit unvollständiger Kondensatrückführung und Kondensatleitungen aus Kupfer oder nichtrostendem Stahl
- Anlagen ohne Kondensatrückführung mit Dampferzeugern aus unlegiertem Stahl.

Anforderungsstufe 3

Sehr viel höhere Anforderungen an die Beschaffenheit des Kesselspeisewassers sind bei Anlagen mit unvollständiger Kondensatrückführung und geschlossenem oder offenem Kondensatsystem zu stellen, bei denen die Kondensatleitungen aus unlegiertem Stahl bestehen. Hier muß zur Vermeidung der durch die Kohlensäure bedingten Korrosion der Kondensatleitungen entcarbonisiertes Wasser als Zusatzspeisewasser verwendet werden. Außerdem müssen in gleicher Weise wie bei Anforderungsstufe 2 Maßnahmen zu Sauerstoffentfernung aus dem Speisewasser getroffen werden.

Anforderungsstufe 4

Die höchsten Anforderungen an die Beschaffenheit des Speisewassers sind bei Anlagen mit Dampferzeugern aus nichtrostendem Stahl und bei Anlagen mit Sohnelldampferzeugern zu stellen. Hier muß vollentsalztes Wasser mit einer elektrischen Leitfähigkeit unter 20 µS/cm verwendet werden.

5.4 Betriebsweise

Die wichtigste Maßnahme zur Vermeidung von Korrosionsschäden in Dampferzeugern besteht darin, in Stillstandszeiten den Zutritt von Sauerstoff zu unterbinden. Die einfachste Möglichkeit, dies sicherzustellen, besteht darin, den Dampferzeuger auch in Stillstandszeiten unter einem minimalen Überdruck stehen zu lassen. Wenn dies bei längeren Stillständen nicht möglich ist, muß der Dampferzeuger entweder vollständig mit Speisewasser gefüllt (geflutet) oder vollständig entleert werden.

Wenn eine Anlage in Betrieb genommen wird, ist es zweckmäßig, nach Vorliegen eines hinreichenden Vorrats im Kondensatsammelbehälter, den Dampferzeuger mit dem eingedickten Kesselwasser vollständig zu entleeren.

Beim Betrieb eines thermischen Entgasers ist darauf zu achten, daß das Wasser im Speisewasserbehälter unterhalb des Entgasers auf einer Temperatur über 100° C gehalten wird, damit ein Überdruck vorliegt und kein Sauerstoffzutritt möglich ist.

Anlagen mit unvollständiger Kondensatrückführung haben einen regelmäßigem Bedarf an größeren Mengen von Zusatzspeisewasser. Der Kontrolle der Eindikkung des Kesselwassers und der dementsprechend erforderlichen Absalzung kommt besonders bei Dampferzeugern aus nichtrostendem Stahl große Bedeutung zu. Als Indikator wird zweckmäßigerweise die elektrische Leitfähigkeit genommen, die direkt als Regelgröße für die Steuerung des Absalzvorganges dienen kann. Die Absalzrate kann nach der Beziehung

$$v_{Abs} = \frac{L(SW) \times 100}{L(KW) - L(SW)} \tag{5.4.1}$$

v_{Abs} = Absalzrate in % bezogen auf die Menge an Speisewasser
L(SW) = Leitfähigkeit des Speisewassers
L(KW) = zulässige Leitfähigkeit des Kesselwassers
errechnet werden.

Mit einer Leitfähigkeit des (vollentsalzten) Speisewassers von 20 µS/cm und einer als zulässig angenommenen Leitfähigkeit des Kesselwassers von 200 µS/cm ergibt sich ohne Kondensatrückführung eine erforderliche Absalzrate von 11%.

Bei den mit enthartetem Wasser gespeisten Dampferzeugern ist die Begrenzung der Eindickung im Kesselwasser weniger aus Gründen des Korrosionsschutzes als aus Gründen der geforderten Dampffreiheit notwendig. Durch Zugabe von

Alkalisierungsmitteln wie z.B. Trinatriumphosphat oder salzartigen Sauerstoffbindemitteln wie z.B. Natriumsulfit wird die Leitfähigkeit des Speisewassers und damit die erforderliche Absalzrate noch erhöht.

Im Zusammenhang mit der Untersuchung der Ursachen von Korrosionsschäden oder anderen Betriebsstörungen ist es besonders wichtig, die Betriebsweise der Dampferzeugungsanlage rekonstruieren zu können. Deshalb ist es unbedingt erforderlich, daß ein Betriebstagebuch geführt wird, in das alle Daten über Wassermengen und Qualitätskriterien eingetragen werden.

Wie die vorstehenden Ausführungen gezeigt haben, ist ein korrosionssicherer Betrieb bei entsprechender Planung und Betriebsweise ohne besonders großen Aufwand für Wasseraufbereitung mit Anlagen aus unlegiertem Stahl möglich. Die Beschaffenheit des metallischen Werkstoffs selbst ist für die Korrosionssicherheit von untergeordneter Bedeutung. Ausschlaggebend sind die Wasserbeschaffenheit und die Betriebsweise. Die Verwendung von nichtrostendem Stahl für Dampferzeuger bereitet vielfach mehr Probleme, als gemeinhin angenommen wird. Der Einsatz von nichtrostendem Stahl sollte deshalb auf solche Anlagen beschränkt werden, in denen er aus besonderen Gründen tatsächlich notwendig ist. Die Forderung nach einer besonderen Dampffreiheit ist kein Argument für die Notwendigkeit von Dampferzeugern aus nichtrostendem Stahl.

6 Korrosion durch Abgas-Kondensat

Bei den Korrosionsschäden durch Abgas-Kondensat [56] ist eine ähnliche Abhängigkeit von der technischen Entwicklung zu beobachten wie bei den wasserseitigen Durchrostungen. Eine Vielzahl von Schäden trat nach der Umstellung von Kohle-befeuerten Kesseln auf Heizölbetrieb auf, und zwar in Form von Durchrostungen im Bereich des Rücklaufwassereintritts, d.h. an der kältesten Stelle des Kessels. Durch Anhebung der Rücklaufwassertemperatur bzw. Änderung der Kesselkonstruktion wurden derartige Schäden extrem selten. Mit der Entwicklung von Kesseln für niedrigere Kesselwassertemperaturen ist diese Korrosionsart in den letzten Jahren wieder aktuell geworden.

6.1 Korrosionsursachen

Korrosion auf der Abgasseite eines Heizkoccels und auf der Abgas-berührten metallischen Innenschale eines Schornsteines kann nur bei Anwesenheit eines Elektrolyten stattfinden.

Diese Voraussetzung ist immer dann erfüllt, wenn es als Folge der Unterschreitung der Taupunkttemperatur des Abgases zur Bildung von **Abgas-Kondensat** kommt, was wegen des Wasserdampfgehaltes im Abgas möglich ist. Die Lage des Wassertaupunktes in Abhängigkeit von der Art des Brennstoffes und dem Kohlendioxidgehalt (der bei gegebener Brennstoffart nur noch durch die die Verbrennungsbedingungen charakterisierende Luftverhältniszahl bestimmt wird) ist sehr anschaulich in dem der DIN 4705 Teil 1 [57] entnommenen Schaubild dargestellt (Bild 6.1.1).

Solange die Temperatur der Abgase, der Kesselwandung oder der Schornsteinwandung nicht unter die Taupunkttemperatur absinkt, sollte es nicht zu Kondensation von Wasser und damit nicht zu Korrosion kommen können. Tatsächlich wird jedoch Korrosion bei der Verbrennung von **Kohle** und **Heizöl** bereits bei erheblich höheren Temperaturen beobachtet. Dies ist auf den **Schwefelgehalt** dieser Brennstoffe zurückzuführen. Aus dem bei der Verbrennung entstehenden Schwefeldioxid bildet sich in einer nachgelagerten Reaktion mit Sauerstoff und Wasser in geringen Mengen **Schwefelsäure**, deren Taupunkt stets deutlich über dem Wassertaupunkt liegt. Die Lage des Säuretaupunktes bei der Verbrennung von Heizöl ist in dem ebenfalls der DIN 4705 Teil 1 [57] entnommenen Schaubild wiedergegeben (Bild 6.1.2). Kondensation von Schwefelsäure kann danach bereits bei Abgas- bzw. Wandungstemperaturen um 120 °C auftreten.

Die Betrachtungen über die Lage des Säuretaupunktes sind für die Verhältnisse in den zur Beheizung von Wohngebäuden normalerweise verwendeten Kleinan-

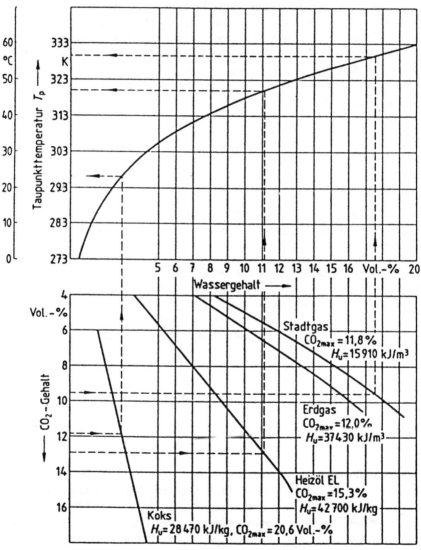

Bild 6.1.1: Wassertaupunkt (nach [57])

lagen noch durch einen weiteren Gesichtspunkt zu ergänzen. Bei dem hier üblichen intermittierenden Betrieb kühlt ein erheblicher Teil der Abgas-beaufschlagten Wandungsflächen auf Temperaturen unterhalb des Säuretaupunktes ab. Bei jedem Aufheizen findet dann hier bis zum Überschreiten des Taupunktes erneut Kondensation von Schwefelsäure statt. Bei weiterem Aufheizen kommt es lediglich zu einer Aufkonzentrierung der Schwefelsäure, nicht aber zu einer Verdampfung, da Schwefelsäure erst bei einer Temperatur von 338 °C siedet. Da diese Temperatur üblicherweise nicht erreicht wird, bleibt die Schwefelsäure auf der Wandung.

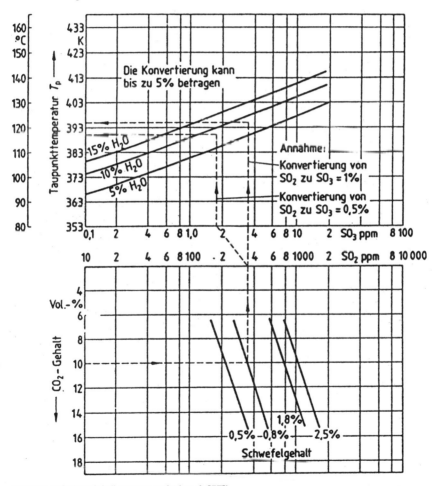

Bild 6.1.2: Schwefelsäuretaupunkt (nach [57])

109

In Stillstandszeiten wirkt sich besonders ungünstig aus, daß konzentrierte Schwefelsäure sehr **hygroskopisch** ist. Vor allem in den Sommermonaten mit häufig erhöhter relativer Luftfeuchtigkeit gelangt das für die Korrosion erforderliche Wasser als Folge der Hygroskopie der Schwefelsäure aus dem Wasserdampf der Luft in die Schwefelsäure auf der Wandungsfläche.

Die besondere Korrosivität der Schwefelsäure gegenüber Eisenwerkstoffen ist dadurch bedingt, daß sie bei der Korrosion nur zum Teil verbraucht wird. Bei der Reaktion von Eisen mit Schwefelsäure und Sauerstoff entsteht nach

$$2\ Fe + 3\ H_2SO_4 + 3/2\ O_2 \rightarrow Fe_2(SO_4)_3 + 3\ H_2O \tag{6.1.1}$$

Eisen(III)sulfat, das mit Wasser nach

$$Fe_2(SO_4)_3 + 4\ H_2O \rightarrow 2\ FeOOH + 3\ H_2SO_4 \tag{6.1.2}$$

durch Hydrolyse die Schwefelsäure wieder freisetzt. Die Schwefelsäure wirkt nach diesem Mechanismus überwiegend als Katalysator der Korrosion von Eisen, ohne sich dabei zu verbrauchen.

Neben der Korrosionsbelastung der Abgas-beaufschlagten Bauteile durch Schwefelsäure kann auch eine Belastung durch Salzsäure auftreten. Bei der Verbrennung von **Kohle** muß damit regelmäßig gerechnet werden, da die Kohle Chloride in der Größenordnung von 0,1 % enthält, aus denen sich bei der Verbrennung Chlorwasserstoff bilden kann, der mit Wasser zu Salzsäure reagiert. Bei der Verbrennung von Heizöl und Gas ist das Auftreten von Chlorwasserstoff im Abgas als Ausnahme anzusehen. Gas ist stets frei von Chlorverbindungen. Heizöl selbst enthält ebenfalls keine nennenswerten Mengen an Chlorverbindungen. Ein bei Heizöl vereinzelt festgestellter höherer Gehalt an Chlorverbindungen war auf die Verunreinigung mit Altöl zurückzuführen.

Schäden durch Chlorwasserstoff im Abgas bei der Verbrennung von Heizöl oder Gas sind meist auf Verunreinigungen der **Verbrennungsluft** mit Chlorverbindungen zurückzuführen. In Frisiersalons sind es die aus Fluorchlorkohlenwasserstof fen bestehenden Treibgase von Spraydosen, die bei der Verbrennung Chlorwasserstoff bilden. In diesen Fällen kann in den Korrosionsprodukten regelmäßig auch Fluorid nachgewiesen werden. In anderen Fällen sind es die flüchtigen Chlorverbindungen, die bei der chemischen Reinigung verwendet werden oder chlorhaltige Lösungsmittel von Kleb- bzw. Anstrichstoffen, die als Ursache für die Bildung von Chlorwasserstoff erkannt werden können.

Die Mengen an Salzsäure, die auf diese Weise gebildet werden, sind normalerweise sehr viel geringer als die bei der Verbrennung von Kohle oder Heizöl anfallenden Mengen an Schwefelsäure. Ein spezieller Salzsäure-Taupunkt wird nicht beobachtet, er fällt praktisch mit dem Wassertaupunkt zusammen. Ausgesprochen kritisch ist die Anwesenheit von Salzsäure bei der Verwendung von Bauteilen aus nichtrostendem Stahl, bei denen dann Lochkorrosion auftritt.

6.2 Korrosionsschäden

Korrosionsschäden durch Abgaskondensat werden vor allem bei Heizkesseln und bei metallischen Innenschalen von Schornsteinen und Abgasleitungen beobachtet.

Schäden an Heizkesseln aus unlegiertem Stahl oder Guß als Folge mehr oder weniger gleichmäßig abtragender Korrosion treten überwiegend bei mit Heizöl betriebenen Anlagen auf. Ein typisches Beispiel hierfür ist in Bild 6.2.1 (siehe Seite 70) wiedergegeben. In den korrodierten Bereichen befinden sich Korrosionsprodukte, die entsprechend Gleichung 6.1.2 sehr stark sauer reagieren und bis zu 50 % Sulfat-Ionen enthalten können. Da es sich bei der durch Schwefelsäure verursachten Korrosion um mehr oder weniger gleichmäßig abtragende Korrosion handelt, werden derartige Schäden meist erst nach längerer Betriebszeit beobachtet. Grundsätzlich sind Stahl- und Gußkessel in gleicher Weise gefährdet. Wegen der im Regelfall geringeren Wanddicke bei Stahlkesseln entsteht jedoch manchmal der Eindruck, als ob diese korrosionsanfälliger seien.

Bei Schornsteineinsatzrohren aus nichtrostendem Stahl sind Wanddurchbrüche als Folge gleichmäßig abtragender Korrosion bisher ausschließlich bei den dünnwandigen flexiblen Einsatzrohren von mit Heizöl betriebenen Anlagen aufgetreten, und zwar vorzugsweise auf den dem Abgas zugewandten Seiten der gewellten Rohre in Bereichen stärkerer Auskühlung und bei ungünstiger Regelung des Ölbrenners (häufiger kurzer Betrieb). Diese Schadensfälle waren zunächst insofern überraschend, als man von einer besseren Beständigkeit von nichtrostendem Stahl bei Korrosionsbelastung durch Schwefelsäure ausgegangen ist. Offensichtlich wird unter den im Schornstein herrschenden Bedingungen die Passivität des nichtrostenden Stahls aufgehoben. Dies ist wahrscheinlich auf die Wirkung des im Abgas enthaltenen Schwefeldioxids zurückzuführen. Im Aktivzustand erfolgt dann ein verhältnismäßig schneller Abtrag durch die Schwefelsäure. Bei den dickwandigeren starren Einsatzrohren sind vergleichbare Korrosionsschäden bisher nicht beobachtet worden. Es ist jedoch davon auszugehen, daß auch hier ähnliche Vorgänge ablaufen, die jedoch wegen der größeren Wanddicke und des auf die gesamte Fläche verteilten Angriffs wesentlich längere Zeiten bis zu einem Wanddurchbruch erfordern.

Schäden durch Lochkorrosion bei Anwesenheit von Chlorwasserstoff im Abgas sind sowohl bei flexiblen wie auch bei starren Einsatzrohren in mit Heizöl und in mit Gas betriebenen Anlagen aufgetreten. Ein typisches Beispiel hierfür zeigt Bild 6.2.2. (siehe Seite 71).

Praktisch schadensfrei sind bisher die werksseitig wärmegedämmten Schornsteinbauelemente aus nichtrostendem Stahl geblieben.

6.3 Korrosionsschutz

Die Notwendigkeit eines Korrosionsschutzes für die Abgas-berührten metallischen Teile hängt in starkem Maße von der Beschaffenheit des Abgases ab. Das Abgas von mit Gas betriebenen Anlagen ist wegen des Fehlens von Schwefeldioxid wesentlich weniger korrosiv als das Abgas von mit Heizöl betriebenen Anlagen. Das Abgas in mit Kohle betriebenen Anlagen enthält zwar neben Schwefeldioxid stets auch einen gewissen Anteil an Salzsäure bzw. Chlorid-Ionen, andererseits ist hier der Anteil von Wasserdampf sehr viel geringer, so daß eine Unterschreitung des Wassertaupunktes praktisch nicht auftreten kann.

Sofern die Abgastemperatur **über** dem Säuretaupunkt liegt, ist ein praktisch vollständiger Korrosionsschutz der metallischen Innenschale eines Schornsteins durch entsprechende Wärmedämmung zu erzielen. Im stationären Zustand, in dem die Wandungstemperatur praktisch gleich der Abgastemperatur ist, ist dann keine Bildung von Kondensat als Folge von Taupunktunterschreitung möglich. Im instationären Zustand des Aufheizens nach einer Stillstandzeit wirkt sich die geringe Wärmekapazität, die eine wärmegedämmte dünne Metallschale besitzt, insofern positiv aus, als sich die Wandung schnell auf die Abgastemperatur aufheizt. Die Zeitspanne, in der sich Kondensat als Folge von Taupunktunterschreitung bilden kann, ist deshalb gering. Die Wärmedämmung muß allerdings gut gegen den Zutritt von Regenwasser geschützt sein, da sie sonst das Gegenteil, eine verstärkte Kondensatbildung, bewirkt. Bei Abgastemperatur über dem Taupunkt und guter Wärmedämmung ist die Korrosionsbelastung so gering, daß als Werkstoff für die Innenschale unlogierter Stahl verwendet werden kann. Beispiele hierfür finden sich in einer Vielzahl von Industrie-Schornsteinen.

Eine deutlich größere Korrosionsbelastung liegt vor, wenn die Abgastemperatur im stationären Zustand **unter** dem Säuretaupunkt liegt. Auch unter diesen Bedingungen kann jedoch die Korrosionsbeständigkeit von unlegierten Eisenwerkstoffen völlig ausreichend sein, wie das Beispiel der Abgas-beaufschlagten Flächen von Heizkesseln mit zwangsläufig niedrigerer Wandungstemperatur zeigt. Die Korrosionsbelastung nimmt verständlicherweise mit abnehmender

Wandungstemperatur zu. Dementsprechend ist es nicht verwunderlich, daß bei Niedertemperatur-Heizungsanlagen häufiger abgasseitige Kesselschäden beobachtet werden als bei 90/70-Anlagen, die zudem häufig aufgrund regelungstechnischer Maßnahmen mit einer Anhebung der Rücklauftemperatur arbeiten.

Zunehmend kritischer werden die Verhältnisse,

- wenn die Häufigkeit instationärer Zustände mit stärkerer Unterschreitung des Säuretaupunkts zunimmt
- wenn zeitweilige Unterschreitung des Wassertaupunkts auftritt
- oder wenn gar mit ständiger Unterschreitung des Wassertaupunkts (wie dies bei den Brennwertkesseln angestrebt wird) zu rechnen ist.

In diesen Fällen können unlegierte Eisenwerkstoffe nicht mehr ohne Korrosionsschutz eingesetzt werden, bzw. es müssen korrosionsbeständigere Werkstoffe zum Einsatz kommen.

Wenn, wie bei mit Gas betriebenen Anlagen, nur mit dem Auftreten von Kohlendioxid-haltigem Abgaskondensat zu rechnen ist, kann das Auftreten von Korrosionsschäden durch Verwendung von nichtrostenden Stählen mit großer Wahrscheinlichkeit **ausgeschlossen** werden. Dies gilt auch noch bei mit Heizöl betriebenen Anlagen für Anlagenteile, die mehr oder weniger ständig mit Kondensat beaufschlagt werden, da bei der dann vorliegenden Konzentration an Schwefelsäure bzw. Schwefliger Säure eine ausreichende Beständigkeit von nichtrostenden Stählen gegeben ist.

Bei mit Heizöl betriebenen Anlagen mit häufigerem Anfall von Kondensat und Aufkonzentrierung der auskondensierten Säure bei anschließendem Anstieg der Wandungstemperatur kann die Korrosionsbeständigkeit der üblicherweise verwendeten nichtrostenden Stähle (wie aus den Schäden an dünnwandigen flexiblen Einsatzrohren erkennbar) u.U. nicht mehr ausreichend sein. Dies ist vor allem darauf zurückzuführen, daß bei Aufkonzentrierung von Schwefelsäure und gleichzeitiger Anwesenheit von Schwefeldioxid die Passivität von nichtrostendem Stahl aufgehoben wird. Unter diesen Bedingungen unterscheiden sich die üblicherweise verwendeten Stähle in ihrer Beständigkeit nur **unwesentlich**.

Bei Anlagen, bei denen mit Salzsäure oder Chlorid-Ionen im Kondensat zu rechnen ist, kann das Risiko von Korrosionsschäden durch Auswahl von nichtrostenden Stählen mit erhöhter Beständigkeit gegen Lochkorrosion in gewissen Grenzen **verringert** werden. Für die Unterschiede in der Beständigkeit der nichtrostenden Stähle in Bezug auf ihre Anfälligkeit für Lochkorrosion ist hier bei vergleichbarem Chromgehalt der Gehalt an **Molybdän** von besonderer Bedeutung.

Die Beständigkeit ist am geringsten bei den Molybdän-freien Qualitäten (wie z.B. bei Werkstoff-Nr. 1.4301 und 1.4541). Deutlich besser ist sie bei den Qualitäten mit Molybdängehalten zwischen 2,0 und 2,5 % (wie z.B. bei Werkstoff-Nr. 1.4401 und 1.4571). Mit steigenden Molybdängehalten (wie z. B. bei Werkstoff-Nr. 1.4436 mit 2,5 bis 3,0 %) nimmt sie weiter zu. Die unterschiedlichen Kohlenstoffgehalte sind für die Korrosionsbeständigkeit nur mittelbar von Bedeutung, nämlich nur dann, wenn es bei der Verarbeitung (z.B. beim Schweißen) oder während des Betriebes (z.B. durch einen Schornsteinausbrand) zu einer Wärmebeeinflussung kommt, die durch Ausscheidung von Chromcarbiden zu einer Sensibilisierung für interkristalline Korrosion führen kann. Diese Gefahr ist bei hinreichend niedrigen Kohlenstoffgehalten nicht gegeben. Bei höheren Kohlenstoffgehalten kann die Bildung von Chromcarbiden durch Zugabe von stabilisierenden Elementen (z.B. Titan bei Werkstoff-Nr. 1.4541 und 1.4571) vermieden werden.

Da die Korrosionsbelastung von Abgas-beaufschlagten Bauteilen in vielen Fällen durch die Ansammlung und Aufkonzentrierung der aus dem Schwefeldioxid gebildeten Schwefelsäure zurückzuführen ist, besteht eine einfache Möglichkeit des Korrosionsschutzes in der Reinigung der Teile. Aus diesem Grund ist es z.B. sehr zu empfehlen, einen mit Heizöl betriebenen Heizkessel am Ende der Heizperiode zu reinigen, damit nicht in den feuchten Sommermonaten verstärkte Korrosion unter den Schwefelsäure-haltigen Belägen ablaufen kann.

7 Schäden durch Steinbildung [58]

Unter **Steinbildung** versteht man die Bildung festhaftender Beläge aus Calcium-carbonat auf wasserberührten Wandungen von Wassererwärmungs- und Warm-wasserheizungsanlagen bei Temperaturen unterhalb des Siedepunktes.

Von einem **Schaden durch Steinbildung** spricht man, wenn eine Beeinträchti-gung der Funktion von Wassererwärmungs- und Warmwasserheizungsanlagen durch Steinbildung aufgetreten ist.

Im Gegensatz zur Korrosion spielen bei der Steinbildung die Eigenschaften des Werkstoffes nur eine untergeordnete Rolle. Entscheidend für das Ausmaß der Steinbildung sind die Wasserbeschaffenheit und die Betriebsweise.

Zur Steinbildung (Ausfällung von Calciumcarbonat) kann es aufgrund der Reak-tion

$$Ca^{2+} + 2\,HCO_3^- \;\rightarrow\; \mathbf{CaCO_3} + CO_2 + H_2O \tag{7.0.1}$$

immer dann kommen, wenn Calciumhydrogencarbonat-haltiges Wasser erwärmt wird.

Schäden durch Steinbildung können auftreten, wenn Auslegung, Betriebsbedin-gungen und Wasserbeschaffenheit nicht aufeinander abgestimmt sind.

7.1 Steinbildung in Warmwasserbereitungsanlagen

Mit zunehmender Steinbildung kommt es zur Behinderung der Wärmeübertra-gung und zu unerwünschten Temperaturdifferenzen an den Wärmeaustauschflä-chen. Dies hat je nach Anlagenart unterschiedliche Folgen:

- Bei (nichtelektrisch) direkt und indirekt beheizten Anlagen tritt eine Abnahme der Wärmeleistung auf.

- Bei (nichtelektrisch) direkt beheizten Anlagen kommt es darüber hinaus zu einer Erhöhung der Abgastemperatur und damit zu einer Abnahme des Wirkungs-grades.Unter kritischen Bedingungen kann es hier zu Materialschäden durch Überhitzung kommen.

- Bei elektrisch beheizten Wassererwärmorn nehmen zwar mit zunehmender Steinbildung Wirkungsgrad und Wärmeleistung nicht ab, es kommt aber wegen der konstant bleibenden elektrischen Leistung zu erhöhter Temperaturdifferenz an den Heizelementen, was zum Ausfall der Heizelemente führen kann.

- Bei Durchfluß-Wassererwärmern kann es als Folge der Steinbildung zu einer Verringerung des Strömungsquerschnittes und damit zu einer Erhöhung des Strömungswiderstandes kommen, was zu einer Durchflußreduzierung und damit (bei nicht elektrisch beheizten Durchfluß-Wassererwärmern) zu einer Abnahme der Wärmeleistung führt.

Die Kalkabscheidung nach Gl.(7.0.1) wird in erster Linie durch die Menge des im Wasser gelösten Calciumhydrogencarbonats bestimmt, die normalerweise durch die sog. "Karbonathärte" charakterisiert werden kann. Als Karbonathärte bezeichnet man den Anteil der "Gesamthärte" (Gehalt an Calcium- und Magnesium-Ionen), der an Hydrogencarbonat-Ionen gebunden ist. Im Normalfall, wenn die Konzentration an Calcium- und Magnesium-Ionen größer ist als die äquivalente Konzentration an Hydrogencarbonat-Ionen, dient letztere, die durch die sog. "Säurekapazität bis pH=4,3" ($K_{S\,4,3}$, früher als m-Wert bezeichnet) bestimmt wird,

$$\frac{c(Ca(HCO_3)_2)}{mol\ m^{-3}} = 0,5\ \frac{c\ (HCO_3^-)}{mol\ m^{-3}} = 0,5\ \frac{K_{S\,4,3}}{mol\ m^{-3}} \qquad (7.1.1)$$

als Maß für die Karbonathärte.

Angaben in der veralteten Einheit des "Deutschen Härtegrades °d" können nach

$$\frac{c(Ca(HCO_3)^2}{mol\ m^{-3}} = \frac{0,1785}{mol\ m^{-3}\ °d^{-1}}\ \frac{Kabonathärte}{°d} \qquad (7.1.2)$$

umgerechnet werden.

Die Neigung zur Kalkabscheidung nimmt mit zunehmender Konzentration an Calciumhydrogencarbonat zu.

Das Ausmaß der Kalkabscheidung nach Gl.(7.0.1) kann durch zwei Faktoren verstärkt werden, durch Entfernung von Kohlendioxid und durch Erhöhung der Temperatur. Beides wird entscheidend durch die Konstruktion und Betriebsweise des Wassererwärmers beeinflußt. Bei offenen Wassererwärmern (z.B. Kochendwassergeräten und kleinen drucklosen Elektrospeichern), bei denen ständig Kohlendioxid entweichen kann, kann es schnell zu einer Steinbildung auf den Elektro-Heizelementen kommen.

Geschlossene Wassererwärmer, bei denen kein Kohlendioxid entweichen kann, sind weniger anfällig. Die Steinbildung auf den Wärmeübertragungsflächen ist hier allein darauf zurückzuführen, daß sich die Lage des Gleichgewichtes der Reaktion nach Gl.(7.0.1) mit zunehmender Temperatur auf die rechte Seite verschiebt.

Entscheidend ist nicht die Wassertemperatur im Innern des Wassererwärmers, sondern die Wandtemperatur an der Wärmeübertragungsfläche. Mit zunehmender Wandtemperatur steigt die Neigung zur Steinbildung.

Von wesentlichem Einfluß auf die Wandtemperatur ist auch die zum Teil konstruktionsbedingte Betriebsweise. Bei einem Speicher, bei dem die Zufuhr von Heizwasser abhängig von der Temperatur des erwärmten Wassers über eine Ladepumpe erfolgt, sind die Verhältnisse weniger kritisch als bei einem (nicht elektrisch beheizten) ungeregelten Durchfluß-Wassererwärmer. Im ersten Fall erreicht die Wandtemperatur praktisch nie die maximal mögliche Temperatur des Heizwassers. Vor allem in den langen Stillstandszeiten über Nacht kühlt sich das Heizregister schnell auf die eingestellte Wassertemperatur ab. Im zweiten Fall des ungeregelten Durchfluß-Wassererwärmers wird zwangsläufig bei jedem Stillstand schnell die Temperatur des Heizwassers erreicht.

Eine spezielle Art der Steinbildung wird in Zusammenhang mit dem kathodischen Schutz von Behältern beobachtet. Als Folge der an der Kathode ablaufenden Sauerstoffreduktion

$$1/2\ O_2 + H_2O + 2\ e^- \rightarrow 2\ OH^- \qquad (7.1.3)$$

kommt es hier zu einer Erhöhung der Konzentration an Hydroxyl-Ionen, der sog. Wandalkalisierung, wodurch nach

$$CO_2 + OH^- \rightarrow HCO_3^- \qquad (7.1.4)$$

die Konzentration an Kohlendioxid verringert wird. Die dadurch in Richtung auf Kalkübersättigung bewirkte Störung des Kalk-Kohlensäure-Gleichgewichtes führt schließlich zur Kalkabscheidung auf der Kathodenfläche.

Nützlich ist diese Kalkabscheidung im Hinblick auf den Korrosionsschutz von emaillierten Behältern. An den ursprünglich in der Emaillierung vorhandenen Fehlstellen, die die Kathoden im Korrosionselement mit der Magnesiumanode bilden, kommt es auf diese Weise zu einer Abdeckung mit Kalk, wodurch der Schutzstrombedarf erheblich reduziert wird. Außerdem kann in hinreichend harten Wässern dadurch eine Nichterneuerung der nach einiger Zeit aufgezehrten Anode ohne schädliche Auswirkungen bleiben.

Schädlich kann diese Kalkabscheidung sein, wenn sie zum Zuwachsen von nichtemaillierten metallischen Abgangsstutzen führt. Dies ist möglich, wenn sich der Abgangsstutzen im "Sichtbereich" der Anode befindet und das Wasser Kupfer-Ionen enthält, die sich ebenfalls an der Kathode abscheiden. Der auf diese Weise elektrisch leitend werdende Belag kann dann bis zum Verschluß ständig weiter wachsen. Schädlich ist diese Art von Kalkabscheidung natürlich auch dann, wenn sie sich auf elektrisch mit dem Behälter kurzgeschlossenen Heizflächen aus Kupfer oder nichtrostendem Stahl (s. Abschnitt 3.3) bemerkbar macht.

7.2 Steinbildung in Warmwasserheizungsanlagen

Als Folge von Steinbildung auf direkt beheizten Wärmeübertragungsflächen kann es zu örtlicher Überhitzung und dadurch bedingter Rißbildung kommen. Im übrigen wird durch den Steinbelag der Wärmedurchgang herabgesetzt, was zu einer Verringerung der Wärmeleistung führt.

In Warmwasserheizungsanlagen ist die Gefahr von Schäden durch Steinbildung zunächst nicht sehr groß, weil die zur Verfügung stehende Menge an Calciumcarbonat begrenzt ist. Sie ergibt sich nach

$$\frac{m(CaCO_3)}{g} = \frac{100}{g\ mol^{-1}}\ \frac{V_{Anl}}{m^3}\ \frac{c(Ca(HCO_3)_2}{mol\ m^{-3}} \tag{7.2.1}$$

aus dem Anlagenvolumen V_{Anl} und der Konzentration an Calciumhydrogencarbonat $c(Ca(HCO_3)_2)$ nach Gl. (7.1.1) bzw. Gl. (7.1.2). Bei Wässern, bei denen nach einer Enthärtung (s. Abschnitt 5.3) $c(Ca^{2+})$ < 0,5 $c(HCO_3^-)$ ist, kann die Karbonathärte nicht aus der Konzentration an Hydrogencarbonat-Ionen (m-Wert, Säurekapazität bis pH 4,3 $K_{S\ 4,3}$) berechnet werden. In diesen Fällen muß stattdessen die tatsächlich noch vorhandene Konzentration an Calcium-Ionen $c(Ca^{2+})$ zugrundegelegt werden.

Ursache für die Bildung von Steinbelägen ist das Ablaufen der Reaktion nach Gl.(7.0.1). Die Ausscheidung von Kalk erfolgt hauptsächlich an den heißesten Stellen der Anlage, d.h. an den Wärmeübertragungsflächen im Heizkessel. Die Wandungstemperatur liegt zwar hier zunächst nur wenig höher als die Wassertemperatur, da der Wärmeübergang vom Abgas auf die Kesselwandung erheblich stärker gehemmt ist als der Wärmeübergang von der Kesselwandung auf das Wasser. Wenn es hier jedoch zur Bildung von Kalkablagerungen kommt, deren Wärmeleitfähigkeit sehr viel schlechter ist, steigt hier die Wandungstemperatur. Der Befund, wonach sich häufig die gesamte Kalkmenge nur auf einer verhältnismäßig kleinen Fläche ablagert, hängt damit zusammen, daß die Kalkabscheidung auf einer metallisch blanken Fläche sehr stark gehemmt ist und sehr viel leichter auf einer Fläche erfolgt, auf der bereits Kalk abgeschieden worden ist. Dies führt dann dazu, daß sich u.U. die gesamte Kalkausscheidung auf den Bereich konzentriert, in dem es zuerst zur Kalkausscheidung gekommen ist. Dies sind erfahrungsgemäß die Bereiche mit der höchsten Heizflächentemperatur oder solche, bei denen strömungsbedingt der geringste Wärmeabtransport erfolgt.

7.3 Maßnahmen gegen Steinbildung

Entscheidenden Einfluß auf die Steinbildung hat die Konstruktion des Wasserer-wärmers bzw. Heizkessels, da sie die maximalen Wandungstemperaturen be-stimmt. Als Faustregel kann gelten, daß die Intensität der Kalkausscheidung bei gegebener Wasserbeschaffenheit mit zunehmender Wandungstemperatur zu-nimmt. Um eine möglichst niedrige Wandungstemperatur zu erreichen, muß die Heizleistung deshalb möglichst gleichmäßig auf große Flächen verteilt werden. Die Möglichkeiten der Begrenzung der Steinbildung durch Werkstoffwahl sind begrenzt. Ein Einfluß des Werkstoffes ist nur insofern gegeben, als die Steinbil-dung auf glatten Oberflächen erschwert ist. Dementsprechend neigen korrosions-beständigere Werkstoffe (wie z.b. nichtrostende Stähle), weniger zu Steinbildung als Werkstoffe (wie z.b. feuerverzinkter Stahl), bei denen Korrosionsprodukte die Oberfläche vergrößern und Ansatzpunkte für die Steinbildung liefern.

In **Warmwasserbereitungsanlagen** kann die Steinbildung vor allem durch die Wahl einer möglichst niedrigen Wassertemperatur beeinflußt werden. Dieser Möglichkeit stehen allerdings in zunehmendem Maße Bedenken wegen einer damit verbundenen Erhöhung eines Legionella-Infektionsrisikos gegenüber [20].

In Abhängigkeit von den konstruktions- und betriebsbedingten Faktoren lassen sich drei Gruppen von Wassererwärmorn unterscheiden·

Wassererwärmer-Gruppe I

Wassererwärmer mit Wassertemperatur bis 60 °C wie z.b.:
- Indirekt beheizte Speicher-Wassererwärmer
- Indirekt beheizte Durchfluß-Wassererwärmer mit geregelter Heizwasserzufuhr
- Gasbeheizte Speicher-Wassererwärmer
- Elektrisch (Heizdraht) beheizte Durchfluß-Wassererwärmer
- Elektrisch beheizte Speicher-Wassererwärmer

Wassererwärmer-Gruppe II

Wassererwärmer mit Wassertemperatur bis 70 °C wie z.b.:
- Indirekt beheizte Wassererwärmer
- Gasbeheizte Durchfluß-Wassererwärmer
- Geschlossene elektrisch beheizte Speicher-Wassererwärmer

Wassererwärmer-Gruppe III

Wassererwärmer mit Wassertemperatur über 70 °C bzw. besondere Bauarten wie z.B.:

- Indirekt beheizte Durchfluß-Wassererwärmer mit ungeregelter Heizwasserzufuhr
- Offene elektrisch beheizte Speicher-Wassererwärmer

In Abhängigkeit von der Konzentration an Calciumhydrogencarbonat $c(Ca(HCO_3)_2)$ lassen sich den Wassererwärmergruppen unterschiedliche Anfälligkeiten für Schäden durch Steinbildung zuordnen:

$c(Ca(HCO_3)_2)$ mol/m³	bis 1,5	über 1,5 bis 2,5	über 2,5
Wassererwärmer-Gruppe I	gering	gering	gering
Wassererwärmer-Gruppe II	gering	gering	mittel
Wassererwärmer-Gruppe III	gering	mittel	hoch

Als wasserseitige Maßnahmen zur Vermeidung von Schäden durch Steinbildung werden in DIN 1988 Teil 7 [59] die Härtestabilisierung und die Enthärtung genannt.

Unter **Härtestabilisierung** versteht man die Zugabe von Chemikalien zum Wasser, durch welche die Kalkabscheidung derart beeinflußt wird, daß es nicht zur Steinbildung kommt. Der Kalk kann dabei jedoch in Schlammform ausfallen. Im Trinkwasserbereich erfolgt die Härtestabilisierung ausschließlich mit den in der Trinkwasser-Aufbereitungs-Verordnung zugelassenen Polyphosphaten. Diese behindern das Aufwachsen von Steinbelägen, indem sie die zunächst gebildeten Kristallkeime blockieren und auf diese Weise am Wachsen hindern. Bei längeren Standzeiten bildet sich durch Hydrolyse aus den Polyphosphaten das monomere Phosphat, das dann zeitlich verzögert zur Ausfällung von Calciumphosphat in Schlammform führt.

Schlammbildung ohne Steinansatz auf den Wandungen würde vermutlich auch dann auftreten, wenn in dem kalten Wasser vor der Erwärmung gezielt Calcium-carbonatkeime erzeugt werden könnten, an denen dann beim Erwärmen des Wassers die Anlagerung von Kalk erfolgen könnte. Es ist nicht auszuschließen, daß die Wirkung einzelner auf physikalischer Basis arbeitender Geräte zur Vermeidung von Steinbildung auf derartige Effekte zurückzuführen ist. Die in den Gerätebeschreibungen angegebenen Wirkungsmechanismen lassen sich dagegen mit den gesicherten Kenntnissen der Naturwissenschaft zumeist nicht in Einklang bringen [60].

Das sicherste Verfahren zur Vermeidung von Steinbildung ist die **Enthärtung**, bei der die im Wasser enthaltenen Calcium- und Magnesium-Ionen entfernt werden (s.Abschnitt 5.3). Ein im Ionenaustauscherverfahren enthärtetes Wasser enthält nur noch Spuren von Calcium- und Magnesium-Ionen. Im Bereich der Trinkwasser-Installation ist ein derart vollenthärtetes Wasser nicht erforderlich. Das Wasser wird deshalb üblicherweise hinter dem Ionenaustauscher durch Vermischen mit nicht enthärtetem Wasser auf eine Härte von etwa 1 mol/m^3 eingestellt.

Bei Wässern im Härtebereich 1 und 2 werden wasserseitige Maßnahmen nicht als notwendig angesehen. Bei Wässern im Härtebereich 3 kann Steinbildung durch Härtestabilisierung zumindest vermindert werden. Durch Enthärtung kann Steinbildung in jedem Fall verhindert werden.

Anstelle von Wasserbehandlungsmaßnahmen zur Vorringerung der Anfälligkeit für Schäden durch Steinbildung nach Abschnitt 7.1 und 7.2 kann auch eine in regelmäßigen Abständen durchzuführende Steinentfernung vorgesehen werden. Abgesehen von einer mechanischen Entfernung bei leicht zugänglichen Teilen kommt hier vor allem die chemische Auflösung mit Säuren zur Anwendung. Hierfür können dieselben Kesselsteinlösemittel verwendet werden, wie sie auch für die Behandlung von Dampfkesseln zugelassen sind [61].

Bei **Warmwasserheizungsanlagen** kann die Steinbildung vor allem durch die Art und Weise der Inbetriebnahme beeinflußt werden. Wenn die Anlage mit geringster Leistung oder langsam stufenweise aufgeheizt wird, besteht die Möglichkeit, daß sich der Kalk nicht nur an den heißesten Stellen, sondern über die ganze Anlage verteilt u.U. sogar in Schlammform ausscheidet. Bei Mehrkesselanlagen empfiehlt es sich, alle Kessel gleichzeitig in Betrieb zu nehmen, damit sich die gesamte Kalkmenge nicht auf die Wärmeübertragungsfläche eines einzelnen Kessels konzentrieren kann. Durch Einbau von Strangabsperrventilen kann die Menge des erforderlichen Ergänzungswassers erheblich verringert werden, da dann nicht in jedem Reparaturfall das gesamte Heizwasser abgelassen werden muß.

Die Notwendigkeit von wasserseitigen Maßnahmen ergibt sich aus Annahmen hinsichtlich der zulässigen mittleren Dicke der Kalkschicht. Unter der Annahme, daß sich die gesamte Kalkmenge gleichmäßig auf der wasserberührten Heizfläche niederschlägt, ergibt sich die mittlere Dicke der Kalkschicht s($CaCO_3$) nach

$$\frac{s(CaCO_3)}{mm} = \frac{m(CaCO_3)}{g} \frac{1/A_{Heizfl}}{m^{-2}} \frac{10^{-6}}{m^2 \, mm^{-2}} \frac{1/\rho(CaCO_3)}{g^{-1}cm^3} \frac{10^3}{mm^3 \, cm^{-3}} \qquad (7.3.1)$$

aus der Kalkmenge $m(CaCO_3)$, der wasserberührten Heizfläche A_{Heizfl} und der Dichte von Kalk $\rho(CaCO_3) = 2,5 \, g/cm^3$

Die wasserberührte Heizfläche kann für die dem derzeitigen Stand der Technik entsprechenden Heizkessel nach

$$\frac{A_{Heizfl}}{m^2} = \frac{0,025}{m^2 \, kW^{-1}} \frac{Q_K}{kW} \qquad (7.3.2)$$

aus der Kesselleistung Q_K abgeschätzt werden.

Aus den Gleichungen (7.2.1), (7.3.1) und (7.3.2) ergibt sich für die mittlere Dicke der Kalkschicht die Beziehung

$$\frac{s(CaCO_3)}{mm} = \frac{mm \, mol^{-1} \, kW}{1,6} \frac{V_{Anl}}{m^3} \frac{c(Ca(HCO_3)_2)}{mol \, m^{-3}} \frac{1/Q_K}{kW^{-1}} \qquad (7.3.3)$$

Aufgrund langjähriger praktischer Erfahrungen lassen sich in diesem Zusammenhang drei Kesselleistungsgruppen unterscheiden:

Kesselleistungsgruppe A   bis 100 kW
Kesselleistungsgruppe B   über 100 kW bis 1 MW
Kesselleistungsgruppe C   über   1 MW

Bei **Gruppe A** geht man davon aus, daß der Kalkbelag, der sich im Normalfall unter der Annahme eines Anlagenvolumens von 20 l/kW Kesselleistung und einer 3,5-maligen Befüllung innerhalb der Nutzungsdauer auch bei Wässern mit hohen Konzentrationen an Calciumhydrogencarbonat bilden kann, nicht zu Schäden führt. Dementsprechend werden hier **keine Anforderungen** an die Beschaffenheit und zulässige Menge des Füllwassers gestellt. Dies heißt allerdings nicht, daß es nicht auch bei Anlagen dieser Kesselleistungsgruppe sinnvoll sein kann, im Hinblick auf einen optimalen Wirkungsgrad Maßnahmen zur Vermeidung von Steinbildung vorzunehmen.

Bei Erneuerung eines Wärmeerzeugers, der ursprünglich mit einer Leistung über 100 kW betrieben wurde, ist die Eingruppierung in Kesselgruppe A nur dann gerechtfertigt, wenn das neue spezifische Anlagenvolumen unter 20 l/kW liegt. Andernfalls ist die Kesselgruppe B zugrundezulegen.

Bei **Gruppe B** wird angenommen, daß eine mittlere Dicke der Kalkschicht von 0,1 mm toleriert werden kann, wobei davon ausgegangen wird, daß in diesem Fall in den Bereichen mit der höchsten Wandtemperatur Kalkbeläge mit einer Dicke bis zu 0,5 mm entstehen können. Die **maximale Menge an Wasser** V_{max}, die dann in Abhängigkeit von der Konzentration an Calciumhydrogencarbonat und der Kesselleistung eingespeist werden kann, ergibt sich durch Umformen von Gl.(7.3.3) zu

$$\frac{V_{max}}{m^3} = \frac{0,0625}{mol\ kW^{-1}} \frac{Q_K}{kW} \frac{1/c(Ca(HCO_3)_2)}{mol^{-1}\ m^3} \qquad (7.3.4)$$

Bei **Gruppe C** wird angenommen, daß lediglich eine mittlere Dicke der Kalkschicht von 0,05 mm toleriert werden kann, wobei davon ausgegangen wird, daß bei Kesseln dieser Leistungsgruppe bereits bei dieser geringeren mittleren Dicke in den Bereichen mit der höchsten Wandtemperatur Kalkbeläge mit einer Dicke bis zu 0,5 mm entstehen können. Die maximale Menge an Wasser V_{max}, die dann in Abhängigkeit von der Konzentration an Calciumhydrogencarbonat und der Kesselleistung eingespeist werden kann, ergibt sich durch Umformen von Gl.(7.3.3) zu

$$\frac{V_{max}}{m^3} = \frac{0,0313}{mol\ kW^{-1}} \frac{Q_K}{kW} \frac{1/c(Ca(HCO_3)_2)}{mol^{-1}\ m^3} \qquad (7.3.5)$$

Wenn das zulässige Wasservolumen erreicht ist, darf entweder nur noch enthärtetes Wasser nachgespeist werden, oder es muß eine Entfernung des Steinbelages im Kessel vorgenommen werden.

Beispiel:
Bei einer Heizungsanlage mit einer Kesselleistung von 200 kW und einem Wasser einer Karbonathärte von 2 mol/m³ errechnet sich nach Gl.(7.3.4) ein zulässiges Wasservolumen von 6,25 m³. Wenn die Anlage entsprechend Bild 4.7.2 einen Gesamtwasserinhalt von 6 m³ hat, kann sie nach der ersten Befüllung nur noch etwa einmal neu befüllt und aufgeheizt werden, bevor entweder nur noch enthärtetes Wasser verwendet werden darf oder der Heizkessel entkalkt werden muß.

Um im Garantiefall die Erfüllung dieser Anforderung kontrollieren zu können, **muß** bei Anlagen der **Gruppen B und C** ein **Wasserzähler** in die Fülleitung eingebaut sein. Außerdem sind **Aufschreibungen** darüber vorzulegen, zu welchem Zeitpunkt welche Mengen an Wasser einer bestimmten Konzentration an Calciumhydrogencarbonat nachgespeist worden sind.

8 Außenkorrosion

Bei der Außenkorrosion von Bau- und Installationsteilen in Gebäuden handelt es sich um einen Spezialfall der Korrosion an der Atmosphäre. Der Zutritt von Sauerstoff zur Metalloberfläche ist praktisch nicht behindert. Entscheidend ist der Zutritt von Wasser. In hinreichend trockenen Räumen können praktisch keine Korrosionserscheinungen auftreten. Korrosionsschutz von Bauteilen in Gebäuden bedeutet deshalb vor allem Fernhalten von Wasser [62,63].

8.1 Schäden durch Elementbildung

Die meisten durch Außenkorrosion verursachten Schäden an Rohrleitungen aus Stahl sind auf die Ausbildung von **Korrosionselementen** (s.Abschnitt 2.2) zurückzuführen. Die Kathode der Korrosionselemente wird dabei von dem in Beton eingebetteten Bewehrungsstahl gebildet, der in dem stark alkalisch reagierenden Porenwasser (pH-Wert um 13) passiv wird und dann ein Elektrodenpotential aufweist, das um etwa 0,5 Volt positiver liegt als das Elektrodenpotential des die Anode bildenden nichtpassiven Stahls (z.B. in Berührung mit Wasser).

Ein Korrosionselement zwischen unterschiedlichen Bauteilen kann nur wirksam werden, wenn die Bauteile sowohl **metallen** leitend als auch **elektrolytisch** leitend miteinander verbunden sind. Die metallen leitende Verbindung von Rohrleitung und Bewehrungsstahl ist normalerweise über die nach VDE vorgeschriebene Potentialausgleichsschiene gegeben, auf der alle Rohrleitungen untereinander und mit der elektrischen Erdung des Gebäudes verbunden sind und vielfach auch den Bewehrungsstahl des Gebäudefundamentes mit einbezieht Bild (8.1.1). Die elektrolytisch leitende Verbindung zwischen Rohr und dem elektrolytisch leitenden Beton erfolgt über Wasser. Hierbei sind häufig **Wärmedämmstoffe**, wie z.B. Schüttisolierungen, Glas- und Mineralwolle sowie Schaumstoffe beteiligt. Die Dämmstoffe selbst enthalten praktisch keine korrosionsfördernden Stoffe. Sie wirken nur insofern mittelbar korrosionsbegünstigend, als sie aufgrund ihres häufig schwammähnlichen Wasseraufnahmevermögens den elektrolytischen Kontakt zwischen Rohr und Beton herstellen und ein schnelles Austrocknen verhindern. Zu den neutral reagierenden Baustoffen, die einen elektrolytischen Kontakt zwischen dem Stahlrohr einer Rohrleitung und dem Beton herstellen können, gehören auch Sand und Holz.

Auch bei Stahlrohren, die in alkalisch reagierende Baustoffe wie z.B. Kalk- oder Zementmörtel eingebettet sind, kann es unter ungünstigen Bedingungen zu Schäden durch Elementbildung kommen, nämlich dann, wenn die ursprünglich

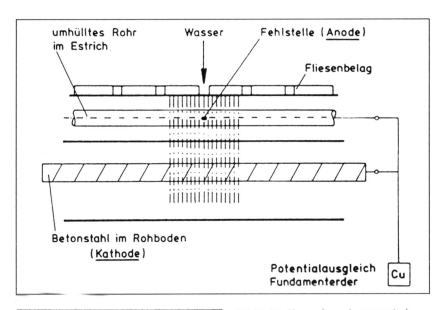

Bild 8.1.1: Korrosionselement mit dem Bewehrungsstahl einer Betondecke

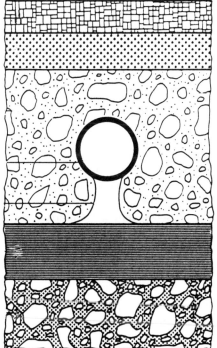

Bild 8.1.2: Hohlraum unterhalb eines unzureichend umhüllten Rohres als Bereich für die Lokalanode eines Korrosionselementes

125

vorhandene Passivität aufgehoben wird. Zwangsläufig geschieht dies nach einiger Zeit als Foge des Zutritts von Kohlendioxid aus der Atmosphäre. Durch Reaktion mit dem alkalisch reagierenden Calciumhydroxid bildet sich neutrales Calciumcarbonat. Dieser Vorgang wird allgemein als **Carbonatisierung** bezeichnet. Wenn der Mörtel carbonatiert ist und dann zu einem späteren Zeitpunkt Wasserzutritt erfolgt, reagiert das Wasser in einer Pore oder in einem Hohlraum unterhalb des Rohres (Bild 8.1.2) nicht hinreichend alkalisch, um die Passivität zu erhalten, und es kommt hier zur Ausbildung der Lokalanode eines Korrosionselementes.

Noch kritischere Verhältnisse liegen vor, wenn **passivitätszerstörende** Stoffe einwirken. Hier kommen vor allem Chlorid-Ionen in Betracht. Sie können in Form von Calcium- oder Magnesiumchlorid in Beton oder Mörtel gelangen, wenn diese als Abbindebeschleuniger und Frostschutzmittel wirkenden Salze dem Anmachwasser zugefügt werden. Wegen der umfangreichen Korrosionsschäden, die in Verbindung mit diesen Stoffen aufgetreten sind und zur Beeinträchtigung der Standsicherheit von Stahlbetonbauten geführt haben, ist die Verwendung von Betonzusatzmitteln mit Chlorid-Ionen-Gehalten über 0,2 % verboten. Betonzusatzmittel unterliegen einer Prüfzeichen- und Überwachungspflicht. Im Rahmen dieser Vorschriften müssen die Betonzusatzmittel auf die Anwesenheit passivitätszerstörender Stoffe geprüft werden. Dies erfolgt durch Bestimmung des Chlorid-Ionen-Gehaltes und durch eine elektrochemische Prüfung, mit der festgestellt wird, ob die Stromdichte-Potential-Kurve von Betonelektroden mit Zusatzmitteln den für die Passivität typischen Verlauf zeigen. Zu den passivitätszerstörenden Stoffen gehören auch die im Gips enthaltenen Sulfat-Ionen.

Die durch Ausbildung von Korrosionselementen mit dem Bewehrungsstahl des Betons verursachten Wanddurchbrüche (Bild 8.1.3 auf Seite 71) sind häufig dadurch gekennzeichnet, daß sich die Korrosionsprodukte nicht unmittelbar auf der Metalloberfläche, sondern erst in einiger Entfernung davon gebildet haben, und die Metalloberfläche blanke Anfressungen ohne Belag von Korrosionsprodukten aufweist. In diesem Zusammenhang werden vielfach Streuströme (auch als vagabundierende Ströme bezeichnet) als Ursache vermutet. Derartige Ströme, die von erdverlegten Leitungen im Bereich Gleichstrom-betriebener elektrischer Bahnen her bekannt sind, können jedoch in der Hausinstallation nicht auftreten. Hier handelt es sich immer um Gleichströme aus dem Korrosionselement mit dem Bewehrungsstahl.

Die bei dieser Korrosionsart beobachteten Geschwindigkeiten des örtlichen Metallabtrags können durchaus über 1 mm/Jahr liegen. Besonders kritische Verhältnisse liegen im Bereich von Verbindungsstellen bei Kunststoff-ummantelten

Weichstahlrohren vor, wenn die Nachisolierung in diesen Bereichen nicht mit extrem großer Sorgfalt durchgeführt wird. Eine einzige kleine Fehlstelle in der Nachisolierung kann dann dazu führen, daß sich der gesamte Strom auf diese Stelle konzentriert und somit eine sehr große Stromdichte (= Korrosionsgeschwindigkeit) entsteht.

Korrosion von Stahlrohren ohne Elementbildung führt nur sehr selten zu Durchbrüchen, da sie überwiegend gleichmäßig abtragend erfolgt. Lediglich bei langandauernder Durchfeuchtung von Wärmedämmstoffen oder bei Einbettung in Gips oder Chlorid-Ionen-haltigen Mörtel sind Durchbrüche bekannt geworden. Die korrodierten Bereiche sind in diesen Fällen mit dicken borkenförmig aufgewachsenen Rostprodukten bedeckt (Bild 8.1.4 auf Seite 72). Korrosion, wie sie z.B. bei nicht dampfdicht gesperrten Kälteleitungen als Folge von Kondenswasserbildung auftritt, führt lediglich zu einer mehr oder weniger gleichmäßigen Verrostung.

8.2 Schäden durch Spannungsrißkorrosion

Schäden durch Spannungsrißkorrosion, wie sie am Beispiel der Wassererwärmer aus nichtrostendem Stahl bereits in Abschnitt 3.5 erwähnt sind, können nur auftreten, wenn drei Voraussetzungen erfüllt sind

- das Vorliegen eines für diese Korrosionsart anfälligen Werkstoffes
- das Vorliegen von Zugspannungen im Werkstoff und
- das Vorliegen eines speziellen Spannungsrißkorrosion auslösenden Angriffsmittels.

Von den in der Sanitär- und Heizungstechnik eingesetzten **Werkstoffen** sind nichtrostender Stahl, Messing und Kupfer grundsätzlich für Spannungsrißkorrosion anfällig.

Bei **nichtrostendem Stahl** ist die Anwesenheit von Chlorid-Ionen erforderlich. Diese stammen meist aus dem Leitungswasser. Die Korrosion setzt zunächst in Form von Lochkorrosion ein. Im Lochinnern kommt es als Folge der Korrosion zu einer Anreicherung von Wasserstoff-Ionen, d.h. der pH-Wert sinkt auf sehr niedrige Werte ab. Vom Lochgrund ausgehend schreitet dann die Korrosion in Form von Spannungsrißkorrosion fort. Besonders kritische Bedingungen liegen an heißen Rohr- oder Behälterwandungen vor. Durch Verdunsten von Wasser kann hier sehr schnell eine für die Auslösung von Lochkorrosion kritische Konzentration an Chlorid-Ionen auftreten. Bild 8.2.1 zeigt einen Querschliff durch

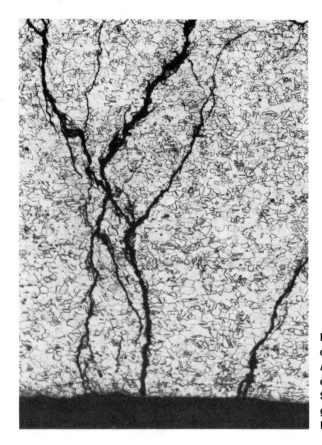

Bild 8.2.1: Querschliff durch eine durch Außenkorrosion von der Außenseite durch Spannungsrißkorrosion geschädigte Behälterwandung

eine von der Außenseite durch Spannungsrißkorrosion geschädigte Behälterwandung.

Bei **Messing** ist die Anwesenheit von Ammoniak erforderlich. Zur Auslösung von Spannungsrißkorrosion genügen bereits sehr geringe Mengen, wie sie als Verunreinigung in vielen Wärmedämmstoffen vorliegen. Schäden sind bevorzugt an Überwurfmuttern von Kaltwasserleitungen aufgetreten, an denen sich in feuchter Umgebung Kondenswasser bilden konnte. Eine weitere Quelle für Ammoniak können spezielle Silikon-Dichtungsmittel sein, die beim Erhärten Ammoniak abspalten. Schließlich ist auf Harnstoff hinzuweisen, aus dem sich durch mikrobiologische Vorgänge Ammoniak abspaltet.

Verhältnismäßig selten wird Spannungsrißkorrosion bei **harten Kupferrohren** beobachtet. Harte Kupferrohre sind aufgrund ihrer fertigungsbedingt vorliegenden inneren Spannungen für diese Korrosionsart anfälliger als weichgeglühte Rohre. Neben Ammoniak können auch andere Stickstoffverbindungen schadensauslösend wirken. Es ist nicht auszuschließen, daß bei einigen der aufgetretenen Schadensfälle auch eine Elementbildung mit dem Bewehrungsstahl mit beteiligt war.

8.3 Schäden an Bauteilen aus Aluminium, Zink, Blei und Kupfer

Bei den Nichteisenmetallen, die innerhalb von Gebäuden zum Einsatz kommen, handelt es sich vor allem um Aluminium, Zink, Blei und Kupfer. Die besonderen Eigenschaften der einzelnen Metalle sind natürlich nicht nur für deren Einsatz innerhalb, sondern auch außerhalb von Gebäuden im Bereich von Bedachung, Dachentwässerung, Fassaden und Fenstern von Bedeutung. Das Verhalten dieser Metalle an der Atmosphäre soll deshalb im folgenden kurz dargestellt werden.

Die elektrochemischen Eigenschaften von Metallen werden vielfach durch ihre Normalpotentiale bzw. durch ihre Stellung in der Spannungsreihe der Metalle charakterisiert (s.Abschnitt 2.2). Danach gehören Aluminium und Zink zu den unedlen Metallen, die theoretisch auch bei Abwesenheit von Sauerstoff mit Wasser unter Bildung von Wasserstoff reagieren können. Bei Gegenwart von Sauerstoff sollte die Reaktionsfähigkeit von Aluminium über Zink und Blei zum Kupfer hin abnehmen.

Tatsächlich verhält sich nur Kupfer annähernd so, wie man es aufgrund seiner elektrochemischen Eigenschaften erwarten sollte. Das Verhalten von Aluminium, Zink und Blei hingegen wird in der Praxis im wesentlichen durch die chemischen Eigenschaften der durch Korrosion gebildeten Deckschichten bestimmt.

Aluminium reagiert an der Luft mit Sauerstoff zu Aluminiumoxid, das Deckschichten bildet, die das Metall sehr weitgehend vor weiterem Angriff schützen. Aluminiumoxid ist in Wasser extrem schwer löslich. Während eine nennenswerte Löslichkeit des Aluminiumoxids in Säuren erst im stärker sauren Bereich unter pH 3 zu beobachten ist, findet eine Auflösung in Alkalien bereits im schwächer alkalischen Bereich über pH 9 statt. Die Eigenschaft des Aluminiumoxids, sowohl mit Säuren als auch mit Laugen reagieren zu können, wird als **amphoteres Verhalten** bezeichnet.

Die Möglichkeit der Reaktion des Aluminiumoxids mit alkalischen Stoffen ist die Ursache für die Anfälligkeit in Berührung mit alkalisch reagierenden Baustoffen wie Kalk- bzw. Zementmörtel und Beton. Nach Auflösung der Oxidschicht in der alkalischen Umgebung verhält sich dann das Aluminium so unedel, wie man es nach seinem Normalpotential erwartet, es reagiert mit Wasser unter Bildung von Wasserstoff. Aluminiumbauteile dürfen deshalb nicht mit feuchten alkalischen Baustoffen in Berührung kommen, sie müssen durch geeignete Beschichtungen oder Zwischenlagen von z.b. Bitumenbahnen geschützt werden.

Bei der Korrosion von Aluminium in alkalisch reagierenden Baustoffen wird das Ausmaß der Korrosion ganz entscheidend vom Aggregatzustand des Angriffsmittels bestimmt. Der Angriff in wässrigen Aufschlämmungen von Zement ist wesentlich größer als in festem Mörtel. Dies ist darauf zurückzuführen, daß sowohl der Antransport von alkalischem Angriffsmittel zur Oberfläche als auch der Abtransport der gelösten Aluminiumverbindungen von der Oberfläche in die wäßrige Aufschlämmung ungehindert erfolgen kann, während im Mörtel beide Vorgänge stark behindert sind. Aus Untersuchungen in wässrigen Aufschlämmungen können deshalb keine Aussagen über die Korrosion in festen Baustoffen abgeleitet werden.

Die verhältnismäßig gute Beständigkeit von Aluminiumoxid gegenüber verdünnten Säuren ist der Grund dafür, daß bei der Bewitterung von Aluminium an der Atmosphäre nur sehr geringfügig gleichförmiger Abtrag durch die aus dem Schwefeldioxid der Luft gebildete Schwefelsäure stattfindet. Der Abtrag erfolgt überwiegend ungleichmäßig in Form einer Vielzahl sehr kleiner Lochfraßstellen. In Industrieatmosphäre ist die Staubbelegung von großer Bedeutung. Unter den Staubablagerungen kommt es als Folge der Aufkonzentrierung der gebildeten Schwefelsäure zu örtlichem Angriff. Bei freier Beaufschlagung mit Regen ist die Korrosion wesentlich geringer als unter Regenschutz, weil durch Beregnung Staub abgespült und Schwefelsäure ausgewaschen wird. In Meeresatmosphäre tritt vorzugsweise Lochkorrosion auf, die durch die im Salz-Aerosol der Luft enthaltenen Chlorid-Ionen ausgelöst wird. Besonders starke Korrosion wird in Industrieatmosphäre in Meeresnähe beobachtet.

Die Anfälligkeit für Lochkorrosion bei Anwesenheit von Chlorid-Ionen ist eine besonders zu beachtende Eigenschaft des Aluminiums. Zementmörtel mit chloridhaltigen Zusatzstoffen, Leichtbauplatten mit Chloridzusätzen, Magnesiumchlorid enthaltende Steinholz-Fußböden, chloridverunreinigte Klebstoffe und Tausalze sind Beispiele für Angriffsmittel, die schwere Korrosionserscheinungen an Aluminium verursachen können. Voraussetzung für das Auftreten von Lochkorrosion ist eine elektrische Leitfähigkeit der Deckschicht, die bei Aluminiumoxid nur in geringem Umfang gegeben ist. Die korrosionsbegünstigende Wirkung von Kupfer-Ionen ist darauf zurückzuführen, daß es (ebenso wie bei der Kupfer-Zink-Mischinstallation s. Abschnitt 3.2) durch Abscheidung von metallischem Kupfer an

Fehlstellen in der Oxidschicht zu einer wesentlichen Erhöhung der elektrischen Leitfähigkeit der Deckschicht kommt. In Verbindung mit größeren Fremdkathoden wie z.b. Bewehrungsstahl in Beton ist eine Anfälligkeit für Lochkorrosion auch schon bei sehr geringen Chloridgehalten im Angriffsmittel gegeben. Besonders schwerwiegende Schäden dieser Art sind z.b. Zerstörungen von Aluminiummasten von Straßenlaternen. Kleinflächige Fremdkathoden wie z.b. Verbindungsmittel aus nichtrostendem Stahl bedingen erfahrungsgemäß zumeist keine nennenswerte Erhöhung der Korrosionsgefährdung.

Besonders ausgeprägte Korrosionserscheinungen können bei Aluminium in Verbindung mit Quecksilber bzw. Quecksilbersalzen beobachtet werden. Bild 8.3.1 (siehe Seite 72) zeigt Anfressungen in der Wandung eines Behälters, der bei der Herstellung von Stärkekleister verwendet worden ist. Das bei der Analyse der Korrosionsprodukte festgestellte Quecksilber stammte aus einem zerbrochenen Thermometer. Durch Reaktion von Aluminium mit metallischem Quecksilber bildet sich ein Aluminiumamalgam, auf dem sich keine schützende Oxidschicht ausbildet. Aluminium reagiert dann seinem elektrochemischen Charakter entsprechend mit Wasser unter Bildung von Wasserstoff.

Die wichtigste Maßnahme zur Verbesserung der Korrosionsbeständigkeit von Aluminium besteht in einer künstlichen Verstärkung der Oxidschicht durch das Verfahren der anodischen Oxidation (Anodisieren). Das elektrisch oxidierte Aluminium, vielfach unter dem Markennamen "Eloxal" bekannt, kann auch in verschiedenen Farbtönen erzeugt werden und wird in großem Umfang z.B. für Fassadenverkleidungen verwendet. Die Verbesserung des Verhaltens bei Bewitterung und die Erhöhung der Beständigkeit gegen Lochkorrosion ist ganz erheblich. Das Verhalten gegen alkalische Angriffsmittel wird durch die Verdickung der Oxidschicht nicht wesentlich verbessert. Sichtflächen von anodisierten Teilen wie z.B. Fensterrahmen müssen deshalb durch Abdeckung mit abziehbaren Beschichtungen vor Schäden während der Bauphase als Folge von Verunreinigung durch alkalische Baustoffe geschützt werden.

Die auf **Zink und feuerverzinktem Stahl** an der Luft gebildete Oxidschicht besitzt eine wesentlich geringere Schutzwirkung als die auf Aluminium gebildete Oxidschicht. Die in der Praxis zu beobachtende Schutzwirkung geht von einer Deckschicht aus, die sich mit dem in der Luft enthaltenen Kohlendioxid bildet. Sie besteht aus basischem Zinkcarbonat und ist in Wasser verhältnismäßig schlecht löslich, gut jedoch bereits in verdünnten Säuren und Laugen. Hinsichtlich der Korrosion in Berührung mit alkalischen Baustoffen gilt deshalb für Zink ähnliches wie für Aluminium.

An der Atmosphäre wird Zink weitgehend gleichmäßig abgetragen. Ausschlaggebend für das Ausmaß der Korrosion ist der Grad der Verunreinigung der Atmosphäre mit Schwefeldioxid, da die daraus mit Wasser entstehende Säure das basische Zinkcarbonat bereits in großer Verdünnung auflöst.

Der Einfluß von Chlorid-Ionen auf die Korrosion von Zink ist verhältnismäßig gering, da Zink bei Raumtemperatur wenig anfällig für Lochkorrosion ist. Dies ist darauf zurückzuführen, daß das basische Zinkcarbonat den elektrischen Strom praktisch nicht leitet.

Die besondere Bedeutung der Carbonat-Deckschicht wird an Korrosionserscheinungen deutlich, die bei Kondenswassereinwirkung bei behindertem Luftzutritt beobachtet werden. Als Folge des unzureichenden Antransports von Kohlendioxid kann sich zunächst nur Zinkhydroxid bilden, ein weißes voluminöses Korrosionsprodukt (Weißrost) ohne nennenswerte Schutzwirkung. Entsprechend dem unedlen Charakter des (deckschichtfreien) Zinks kommt es zu einem starken Angriff, der bei Zinküberzügen schon nach kurzer Zeit zur Zerstörung des Überzuges führt. Bei Zinkblechen kann es sehr schnell zu Durchfressungen kommen.

Bauteile aus Zink und feuerverzinktem Stahl werden häufig in Kombination mit organischen Korrosionsschutzbeschichtungen eingesetzt. Das hin und wieder zu beobachtende Abblättern von Beschichtungen hat im Prinzip die gleichen Ursachen wie die zuvor beschriebene Korrosion bei Kondenswassereinwirkung. Wenn die Beschichtung den Durchtritt von Kohlendioxid stärker hemmt als den von Wasserdampf, kommt es unter der Beschichtung zur Bildung voluminöser Korrosionsprodukte aus Zinkhydroxid, die die Haftung zwischen dem Zink und der Beschichtung herabsetzt. Die Beschichtungen müssen deshalb hinreichend durchlässig für Kohlendioxid sein, damit sich unter der Beschichtung eine korrosionshemmende Deckschicht aus basischem Zinkcarbonat bilden kann. Eine andere früher häufig praktizierte Verfahrensweise besteht darin, die teile aus Zink oder feuerverzinktem Stahl erst nach einer einjährigen Bewitterung zu beschichten, nachdem sich eine ausreichend schützende Deckschicht gebildet hat. In stärker verunreinigten Atmosphären ist dieses Verfahren jedoch nicht zu empfehlen, weil es durch den Einbau von löslichen Zinksulfaten in die Deckschicht später zu Störungen durch Blasenbildung kommen kann.

Auch bei **Blei** hat die Oxidschicht nur eine geringe schützende Wirkung. Ähnlich wie bei Zink besteht die schützende Deckschicht an der Atmosphäre aus basischem Carbonat. Im Gegensatz zu Zink findet jedoch praktisch kein Abtrag durch die aus dem Schwefeldioxid der Luft gebildete Säure statt, weil die durch Oxidation der zunächst entstehenden schwefligen Säure gebildete Schwefelsäure mit dem Blei zu schwerlöslichem Bleisulfat reagiert, das ebenfalls eine schützende Deck-

	Aluminium	Zink	Blei	Kupfer
Elektrochemische Eigenschaften	unedel	unedel	-----	edel
Schutzschicht	Oxid	bas. Carbonat	bas. Carbonat	Oxid
Verhalten gegen alkalische Stoffe	anfällig	anfällig	anfällig	beständig
Verhalten gegen Chloride	anfällig	wenig anfällig	beständig	beständig
Verhalten an der Atmosphäre	Lochfraß	gleichmäßiger Abtrag	beständig	gleichmäßiger Abtrag
Elementbildung mit Stahl in Beton	ausgeprägt	ausgeprägt	kaum	nur in Verbindung mit Komplexbildnern

Bild 8.3.2: Merkmale der Korrosion von Aluminium, Zink, Blei und Kupfer

schicht ausbildet. Auch Salzsäure und Chloride bewirken bei Blei keine nennenswerte Korrosion, da das Bleichlorid ebenfalls schwerlöslich ist. Leichtlösliche Bleisalze bilden vor allem die Salpetersäure und die Essigsäure. Beide greifen Blei schon in verhältnismäßig geringen Konzentrationen an. Stark ausgeprägt ist die Anfälligkeit von Blei für Angriff durch alkalische Baustoffe, da sich Bleioxid ähnlich wie Aluminium- und Zinkoxid in Alkalien auflöst. Zur Vermeidung von Schäden muß Blei deshalb bei möglichem Kontakt mit feuchten alkalischen Baustoffen mit Bitumen-Dickbeschichtungen versehen werden. Ähnlich anfällig wie Zink ist Blei bei der Einwirkung von Kondenswasser unter behindertem Luftzutritt, also unter Bedingungen, unter denen sich keine Deckschicht aus basischem Bleicarbonat bilden kann.

Die Korrosion von **Kupfer** wird einerseits ebenso wie bei den bisher besprochenen Metallen durch Deckschichten behindert, andererseits reagiert es jedoch auch bei Zerstörung der Deckschicht aufgrund seines edleren Verhaltens nur verhältnismäßig langsam. Die primär gebildete Deckschicht besteht aus Kupfer(I)oxid. Aus diesem kann sich an der Atmosphäre das basische Carbonat bilden, das die bekannte Grünfärbung bewitterter Kupferteile bewirkt. In stärker verunreinigter Industrieatmosphäre wird die Korrosion ähnlich wie bei Zink durch die Bildung des leicht löslichen Sulfats bestimmt. Der Gehalt an Kupfer-Ionen im ablaufenden Niederschlagswasser ist dann die Ursache für hin und wieder an Beton oder Steinflächen zu beobachtende grüne Ablaufspuren.

Weitgehend unempfindlich ist Kupfer bei Einwirkung von Chloriden, da das primär entstehende Kupfer(I)chlorid schwerlöslich ist. Da sich Kupfer(I)oxid praktisch nicht in Alkalien löst, besteht auch keine Korrosionsgefährdung bei Kontakt mit feuchten alkalischen Baustoffen. Abgesehen von der Anfälligkeit für Spannungsrißkorrosion (s. Abschnitt 8.2) besteht bei Kupfer eine Möglichkeit für Korrosionsschäden praktisch nur dann, wenn Kupfer in Berührung mit komplexbildenden Mitteln wie z.B. Ammoniak steht und gleichzeitig Kontakt mit großflächigen Fremdkathoden (Bewehrungsstahl in Beton s. Abschnitt 8.1) gegeben ist.

Die wichtigsten Merkmale der Korrosion der Nichteisenmetalle Aluminium, Zink, Blei und Kupfer sind in Bild 8.3.2 zusammengestellt.

8.4 Maßnahmen gegen Außenkorrosion

Bei der Außenkorrosion von Bauteilen ist davon auszugehen, daß die Einwirkung von Wasser nicht der bestimmungsgemäßen Verwendung, sondern einem unbeabsichtigtem Ereignis entspricht. In DIN 50929 Teil 2 [63] sind folgende Möglichkeiten aufgeführt:

a) eingedrungene Niederschläge, insbesondere bei Neubauten (Dach, Fenster, Notverglasung),

b) Feuchtigkeit im Mauerwerk,

c) schadhafte Wasserleitung (Trinkwasser, Heizungswasser, Abwasser),

d) Leck- und Spritzwasser, insbesondere in Feuchträumen,

e) wäßrige Chemikalienlösungen, z.B. Reinigungs- und Desinfektionsmittel,

f) Löschwasser.

Die wichtigste Maßnahme zum Korrosionsschutz besteht deshalb in der Vermeidung dieser Möglichkeiten des nicht bestimmungsgemäßen Zutritts von Wasser. Bei der Planung ist zu beachten, daß Rohrleitungen möglichst nicht im Bodenbereich von Feuchträumen verlegt werden. Wenn dies aus technischen Gründen nicht möglich ist, oder aus anderen Gründen dennoch ein Zutritt von Wasser nicht auszuschließen ist, müssen die Metallteile durch entsprechend dickschichtige und porenfreie organische Beschichtungen oder durch Umwickeln mit speziellen Korrosionsschutzbinden vor der Berührung mit dem Wasser geschützt werden. Bei Rohren, die auf einer Betondecke verlegt werden und bei denen dementsprechend beim Wasserzutritt mit Schäden durch Elementbildung zu rechnen wäre, kann dies durch Aufbringen einer Kunststoffolie auf den Beton verhindert werden. Wenn wegen der isolierenden Wirkung der Kunststoffolie keine elektrolytisch leitende Verbindung zum Beton besteht, kann es nicht zur Ausbildung eines Korrosionselementes kommen.

9 Literatur

[1] DIN 50900 Teil 1, April 1982
Korrosion der Metalle; Begriffe; Allgemeine Begriffe

[2] Kruse, C.-L.
Korrosion und Korrosionsschaden
Tagungsband Korrosion in Kalt- und Warmwassersystemen der Hausinstallation
Deutsche Gesellschaft für Metallkunde, Oberursel 1984

[3] Adrian, H. und C.-L. Kruse
Der Begriff Korrosionsschaden in technisch wissenschaftlichen Regelwerken
gwf-wasser/abwasser 124 (1983) S.453-458

[4] Rückert, J.
Einfluß des pH-Wertes, des Sauerstoffgehaltes und der Strömungsgeschwindigkeit von kaltem Trinkwasser auf das Korrosionsverhalten und die Schutzschicht-
bildung bei feuerverzinkten Stahlrohren
Werkstoffe und Korrosion 30 (1979) S.9-34

[5] Nissing, W., W. Friehe und W. Schwenk
Über den Einfluß des Sauerstoffgehaltes, des pH-Wertes und der Strömungsge-
schwindigkeit auf die Korrosion feuerverzinkter und unverzinkter Stahlrohre in
Trinkwasser
Werkstoffe und Korrosion 33 (1982) S.346-359

[6] Kruse, C.-L., W. Friehe und W. Schwenk
Felduntersuchungen mit feuerverzinkten Stahlrohren in Wässern
Werkstoffe und Korrosion 37 (1986) S.12-23

[7] Rückert, J. und D. Stürzbecher
Langzeitverhalten feuerverzinkter Stahlrohre in Trinkwasser unterschiedlichen
pH-Wertes und unterschiedlicher Strömungsgeschwindigkeit
Werkstoffe und Korrosion 39 (1988) S.7-17

[8] Kruse, C.-L.
Untersuchungen zur Beurteilung der Korrosionsschutzwirkung von Deckschich-
ten auf feuerverzinkten Stahlrohren
Werkstoffe und Korrosion 26 (1975) S.454-460

[9] Werner, G.
Untersuchungen zum Korrosionsverhalten feuerverzinkter Stahlrohre in kalten
Trinkwässern
Dissertation Universität Karlsruhe 1976

[10] Kruse, C.-L.
Korrosionsverhalten von Zink und feuerverzinktem Stahl in kaltem und erwärmtem Trinkwasser unter besonderer Berücksichtigung des Transportes in Rohrleitungen
Dissertation Technische Universität München 1983

[11] Bohnenkamp, K. und H. Streckel
Zur Korrosion von Zink und Stahl in Leitungswasser
Kommission der Europäischen Gemeinschaften
Technisch Forschung Stahl EUR 6356 (1979)

[12] DIN 2444, Januar 1984
Zinküberzüge auf Stahlrohren, Qualitätsnorm für die Feuerverzinkung von Stahlrohren für Installationszwecke

[13] DIN 50930 Teil 3, Dezember 1980
Korrosion der Metalle; Korrosionsverhalten von metallischen Werkstoffen gegenüber Wasser; Beurteilungsmaßstäbe für feuerverzinkte Eisenwerkstoffe

[14] Merkblatt 405
Das Stahlrohr in der Hausinstallation, Vermeidung von Korrosionsschäden
Beratungsstelle für Stahlverwendung, Postfach 1611,
4000 Düsseldorf 1, 4. Auflage 1981

[15] Meyer, E. und R. Kurz
Einfluß der Nachaufbereitung von Trinkwasser, insbesondere des Austausches
von Calcium- gegen Natrium-Ionen auf die Korrosionsvorgänge in Hausinstallationen im Kalt- und Warmwasserbereich
Werkstoffe und Korrosions 40 (1989) S.400-401

[16] Kruse, C.-L.
Selektive Korrosion bei feuerverzinkten Stahlrohren durch kalte Leitungswässer
Sanitär und Heizungstechnik 34 (1969) H.5 S.375-377

[17] Wagner, I. und R. Dannöhl
Der Einfluß unterschiedlicher Nitratgehalte auf das Korrosionsverhalten von verzinkten Stahlrohren
Werkstoffe und Korrosion 36 (1985) S.1-7

[18] Kruse, C.-L., Kh.G. Schmitt-Thomas und H.Gräfen
Korrosionsverhalten von Zink und feuerverzinktem Stahl in erwärmtem Wasser
Werkstoffe und Korrosion 34 (1983) S.539-546

[19] Kruse, C.-L.
Über das Korrosionsverhalten von Zink und feuerverzinktem Stahl in erwärmtem Wasser
Werkstoffe und Korrosion 27 (1976) S.841-846

[20] Empfehlungen des Bundesgesundheitsamtes zur Verminderung eines Legionella-Infektionsrisikos
Bundesgesundheitsblatt 30 (1987) Nr.7 S.252-253

[21] Rustenbach, K.
Kupferrohre in der Trinkwasserinstallation - neue Erkenntnisse
IKZ-Haustechnik 1988 (Heft 22) S.52-58

[22] Baukloh, A., H. Protzer, U. Reiter und B. Winkler
Kupferrohre in der Hausinstallation - Einfluß von Produktqualität, Verarbeitungs- und Installationsbedingungen auf die Beständigkeit gegen Lochfraß Typ I
Metall 43 (1989), S.26-35

[23] v. Franque, O.
Über Bedeutung, Umfang und Stand der Untersuchungen des Lochfraßes bei Kupferrohren
Werkstoffe und Korrosion 19 (1968) S.377-384

[24] Lucey, V.F.
Lochkorrosion von Kupfer in Trinkwasser
Werkstoffe und Korrosion 26 (1975) S.185-192

[25] Kruse, C.-L. und P.-K.-J. Ensenauer
Korrosionsschutz in Trinkwasserleitungen der Hausinstallation durch Verände-

rung der Wasserbeschaffenheit mit Anionenaustauschern
Sanitär- und Heizungstechnik 52 (1987) H.12, S.758-763

[26] DIN 50930 Teil 5, Dezember 1980
Korrosion der Metalle; Korrosionsverhalten von metallischen Werkstoffen gegenüber Wasser; Beurteilungsmaßstäbe für Kupfer und Kupferlegierungen

[27] Ladeburg, H.
Untersuchungen von Entzinkungserscheinungen an Fittings aus Kupferlegierun-
gen
Metall 20 (1966) S.33-42

[28] DIN 4753 Teil 3, Mai 1987
Wassererwärmer und Wassererwärmungsanlagen für Trink- und Betriebswas-
ser; Wasserseitiger Korrosionsschutz durch Emaillierung; Anforderungen und
Prüfung

[29] DIN 4753 Teil 6, Februar 1986
Wassererwärmungsanlagen für Trink- und Betriebswasser; Kathodischer
Korrosionsschutz für emaillierte Stahlbehälter; Anforderungen und Prüfung

[30] Kruse, C.-L. und G. Hitzblech
Kathodischer Korrosionsschutz von emaillierten Wassererwärmern
IKZ-Haustechnik (1980) H.10, S.42-50

[31] DIN 50927, August 1985
Planung und Anwendung des elektrochemischen Korrosionsschutzes für die
Innenflächen von Apparaten, Behältern und Rohren

[32] DIN 4753 Teil 4, Juli 1982
Wassererwärmungsanlagen für Trink- und Betriebswasser; Wasserseitiger Korrosionsschutz durch warmhärtende, kunstharzgebundene Beschichtungen; Anforderungen und Prüfung

[33] DIN 4753 Teil 9, September 1990
Wassererwärmer und Wassererwärmungsanlagen für Trink- und Betriebswasser; Wasserseitiger Korrosionsschutz durch thermoplastische Beschichtungs-
stoffe; Anforderungen und Prüfung

[34] Kruse, C.-L.
Fehlstellen in emaillierten Wassererwärmern
Haustechnische Rundschau 86 (1987) S.374-378

[35] DIN 50930 Teil 4, Dezember 1980
Korrosion der Metalle; Korrosionsverhalten von metallischen Werkstoffen gegenüber Wasser; Beurteilungsmaßstäbe für nichtrostende Stähle

[36] DIN 4753 Teil 7, Oktober 1988
Wassererwärmer und Wassererwärmungsanlagen für Trink- und Betriebswas-
ser; Wasserseitiger Korrosionsschutz durch korrosionsbeständige metallische
Werkstoffe; Anforderungen und Prüfung

[37] DIN 1988 Teil 2, Dezember 1988
Technische Regeln für Trinkwasser-Installationen (TRWI); Planung und Ausführung; Bauteile, Apparate, Werkstoffe; Technische Regel des DVGW

[38] Oehler, K.E.
Wassergüte, Wasseraufbereitung und Werkstoffe
Tagungsband Korrosions in Kalt- und Warmwassersystemen der Hausinstalla-
tion, S.35-45
Deutsche Gesllschaft für Metallkunde e.V. Oberursel 1974

[39] DIN 19632, April 1987
Mechanisch wirkende Filter in der Trinkwasserinstallation; Anforderungen; Prü-
fungen; Technische Regel des DVGW

[40] Friehe, W.
Installationsbedingte Korrosionsschäden an Stahlrohrleitungen
IKZ-Haustechnik 1976 H.18 S.28-35

[41] TAVO
Verordnung über den Zusatz fremder Stoffe bei der Aufbereitung von Trinkwasser
vom 19.12.1959
Bundesgesetzblatt Teil I, Nr.9, S.761-763

[42] Meyer, E.
Gesetzmäßigkeiten des Eintrags von Schwermetallen in das Trinkwasser bei un-
terschiedlicher Wasserbeschaffenheit
Schriften-Reihe WaBoLu 52 (1981) S.9-30

[43] Heinzelmann, U. und G. Franke
Kathodischer Innenschutz von Wasserbehältern
Handbuch des kathodischen Schutzes
herausgegeben von W. v.Baeckmann und W. Schwenk und W. Prinz
Verlag Chemie, Weinheim, 3. Auflage 1989

[44] DIN 4753 Teil 10, Mai1989
Wassererwärmer und Wassererwärmungsanlagen für Trink- und Betriebswasser, Kathodischer Korrosionsschutz für nicht beschichtete Stahlbehälter, Anforderungen und Prüfung

[45] VDI-Richtlinie 2035, Juli 1979
Verhütung von Schäden durch Korrosion und Steinbildung in Warmwasserheizungsanlagen

[46] ZVH-Richtlinie 12.02, Juli 1986
Richtlinie zur Auslegung von Membran-Druckausdehnungsgefäßen nach DIN 4807 Teil 2 (Entwurf) und Teil 3
VMD Industrieverband Membran-Druckausdehnungsgefäße der ZVH im Fachverband Stahlblechverarbeitung e.V.
Verbandshaus, Hochstraße 113-115, Postfach 1020, 5800 Hagen 1

[47] Kruse, C.-L.
Korrosion in Warmwasserheizungsanlagen als Folge von Sauerstoffdiffusion durch Kunststoffrohre
schadenprisma 11 (1982) H.2, S.17-21

[48] Kruse, C.-L.,
Messung der Sauerstoffdurchlässigkeit von Kunststoffrohren für Fußbodenheizungen
GIT Supplement 4 (1986) S.22-24

[49] DIN 4726, September 1988
Rohrleitungen aus Kunststoffen für Warmwasser-Fußbodenheizungen, Allgemeine Anforderungen

[50] bvf Merkblatt Nr.4
Korrosionsverhütung bei Fußbodenheizungsanlagen mit Rohrleitungen aus Kunststoffen
Bundesverband Flächenheizung e.V., Bebenhäuserhofstr.10, 7410 Reutlingen

[51] Moehring,H. und C.-L. Kruse
Dichtungen für Heizkörperstopfen in Untersuchung
Sanitär- und Heizungstechnik 41 (1976) H.11 S.730-734

[52] Dehnen, H. und K. Thanscheidt
Membranausdehnungsgefäß, Risikofaktor in der Heizungsanlage?
IKZ-Haustechnik (1986) H.18, S.41-46

[53] Höhenberger,L.
Alternativen zum Einsatz von Hydrazin in Dampf- und Heißwasseranlagen
Beiträge zur Kesselwasserbetriebstechnik 87, S.3-23
Akademie TÜV Bayern GmbH 1988

[54] Kruse, C.-L. und M. Neubert
Korrosions-Inhibitoren in der Heizungstechnik
Sanitär- und Heizungstechnik 53 (1988) H.5, S.292-301

[55] TRD 611 Juni 1981
Speisewasser und Kesselwasser von Dampferzeugern der Gruppe IV

[56] Kruse, C.-L.
Abgasseitige Korrosion bei Öl- und Gasfeuerung
Werkstoffe und Korrosion 37 (1986) S.344-351

[57] DIN4751 Teil 1, September 1979
Berechnung von Schornsteinabmessungen; Begriffe, ausführliche Berechnungs-
verfahren

[58] VDI Richtlinie 2035, Manuskript Juli1990
Vermeidung von Schäden durch Steinbildung in Wassererwärmungs- und Warm-
wasserheizungs-Anlagen

[59] DIN 1988 Teil 7, Dezember 1988
Technische Regeln für Trinkwasser-Installationen (TRWI);
Vermeidung von Korrosionsschäden und Steinbildung; Technische Regel des
DVGW

[60] SHT-Diskussion "Physikalische Wasseraufbereitung"
Sanitär- und Heizungstechnik 55 (1990) H.1, S. 39-60

[61] VdTÜV-Richtlinien für die Untersuchung von Kesselsteinlösemittel und Kesselbeizmitteln
Technische Überwachung, 14 (19739 Nr.11 S.332-333

[62] DIN 50929 Teil 1, September 1985
Korrosion der Metalle; Korrosionswahrscheinlichkeit metallischer Werkstoffe bei äußerer Korrosionsbelastung; Allgemeines

[63] DIN 50929 Teil 2, September 1985
Korrosion der Metalle; Korrosionswahrscheinlichkeit metallischer Werkstoffe bei äußerer Korrosionsbelastung; Installationsteile innerhalb von Gebäuden

10 Register

Keine
Korrosion.

Namhafte
Anwender
schätzen die
Vorteile
unserer Rohre

FF-therm
fripex_san

keine Korrosion
hohe Zeitstandsfestigkeit
hochqualitative Kunststoffe

PE-Xa	**PP-Typ 3**
Polyethylen peroxydvernetzt	Polypropylen Typ 3

Difustop®	**PB**
sauerstoffdichte Ummantelung	Polybuten

Difustop® ist eingetragenes
Warenzeichen der
Fränkischen Rohrwerke

FRÄNKISCHE

Der Spezialist für hochwertige Kunststoffrohre

Nichtrostender Stahl für Trinkwasserleitungen: Mannesmann Pressfitting-System.

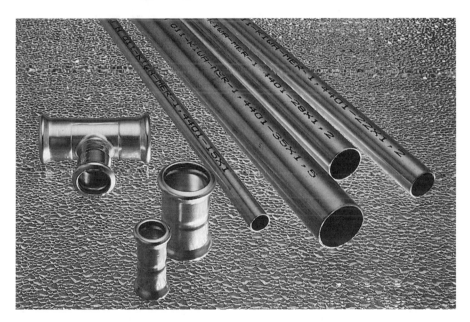

Gehen Sie bei der Trinkwasserinstallation auf Nummer Sicher. Mit dem Mannesmann Pressfitting-System. Denn nur bei diesem System sind **Rohre und Fittings einheitlich aus ein und demselben Werkstoff: aus hochwertigem Edelstahl.**

Das bedeutet: perfekte Hygiene und optimalen Korrosionsschutz auf Dauer. Auch bei aggressiven Wasserqualitäten. In den Abmessungen **15 bis 54 mm** bietet Ihnen das Mannesmann Pressfitting-System alle Komponenten für die Sanitärinstallation.

Für weitere Informationen stehen wir Ihnen jederzeit zur Verfügung.
Mannesmann Edelstahlrohr GmbH
Abteilung MER-AF Pressfitting-System
Postfach 2263 · 4018 Langenfeld 2

**Unsere Erfahrung –
Ihr sicherer Erfolg.**

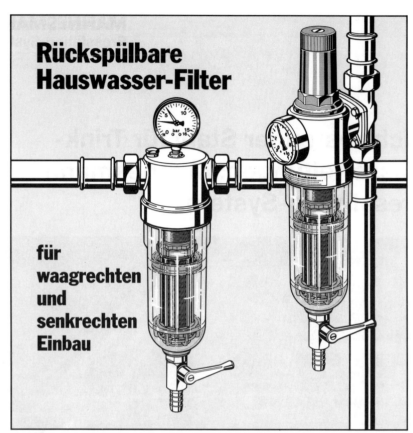

Rückspülbare Hauswasser-Filter

für waagrechten und senkrechten Einbau

Ob Sie nun Ihre bestehende Hausfilteranlage technisch aufwerten oder aber überhaupt erst Filtertechnik in Ihre Trinkwasser-Installation einbringen möchten, die C-Filterserie von Honeywell Braukmann ist sowohl fürs Modernisierungs- als auch fürs Nachrüstvorhaben wie maßgeschneidert. Dank eines drehbaren Anschlußstückes eignen sich der Filter F 76 C und die Filterkombination inklusive Druckminderer, FK 76 C, für den Einbau in waag- und senkrechte Leitungen, und selbst dann, wenn der Platz zwischen Rohrleitung und Mauer sehr eng begrenzt ist. Die gesamte C-Filterserie ist mit dem einzigartigen, patentierten Rückspülsystem ausgestattet, zeichnet sich durch hohe Flexibilität aus und erlaubt schnelles, einfaches sowie kostengünstiges Modernisieren vieler bestehender Filteranlagen. Honeywell Braukmann GmbH, Postfach 1347, 6950 Mosbach.

Honeywell Braukmann

Vitamin C
für die Heizung?

Vitamin C (Ascorbinsäure) ist der entscheidende Wirkstoff im neuen Heizwasserzusatz

Diffusan-C

- Sauerstoff ist die Ursache von Korrosion in Heizungsanlagen.
- Diffusan-C ist ein effektives Sauerstoffbindemittel.
- Mit Diffusan-C kein Sauerstoff. Ohne Sauerstoff keine Korrosion.

REDUKS

Korrosionsschutzmittel und -anlagen GmbH

4100 Duisburg
Realschulstraße 14
Telefon 02 03 / 28 75 87
Telefax 02 03 / 28 77 59

VIESMANN

Heizkessel werden heute mit niedrigen
Temperaturen betrieben, um Öl oder Gas
zu sparen und die Umwelt zu schonen.
Viessmann liefert Heizkessel fortschritt-
licher Technologie mit mehrschaligen,
antikorrosiven Verbundheizflächen. Sie
bieten für eine solche Betriebsweise die
notwendige Betriebssicherheit und eine
lange Nutzungsdauer.

Viessmann Werke
3559 Allendorf (Eder) · Postfach 10

Der
Fortschritt

VS689

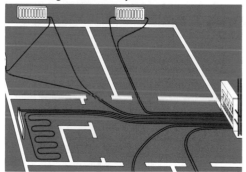

shr

Die Kennziffer-
zeitschrift

shr ist die auflagenstärkste
Kennzifferzeitschrift in der
Branche. Ihre Hauptzielrich-
tung ist die Leserschaft aus
der Bauinstallation. Der shr
wird im wesentlichen
kostenlos vertrieben. Damit
ist es möglich, den Leser zu
informieren, der die zu
abonnierende Fachzeit-
schrift SHT nicht bezieht.
Die Kennzifferzeitschrift
gibt der Industrie die
Möglichkeit, Produktinforma-
tionen zu vertiefen.

Druckauflage 25.000

Krammer-Verlag

Hermannstraße 3
4000 Düsseldorf 1
Tel. 0211 / 67 97 20
Fax 0211 / 69 97 231